又好看又好玩的

大师数学课

数与运算

[苏] 别莱利曼 / 著

申哲宇 / 译

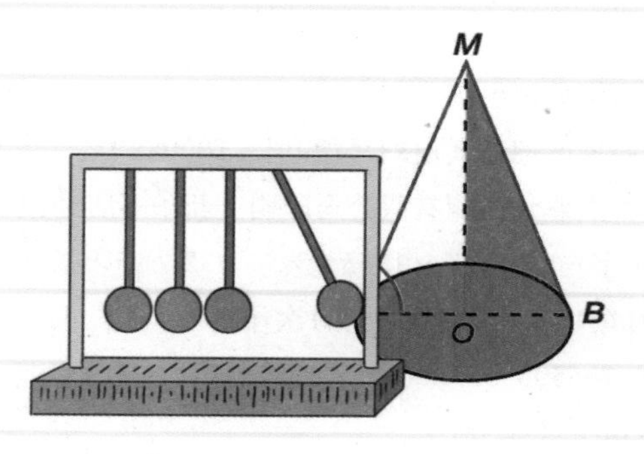

北京联合出版公司
Beijing United Publishing Co.,Ltd.

图书在版编目（CIP）数据

数与运算 /（苏）别莱利曼著；申哲宇译. — 北京：北京联合出版公司，2024.7

（又好看又好玩的大师数学课）

ISBN 978-7-5596-7656-6

Ⅰ. ①数… Ⅱ. ①别… ②申… Ⅲ. ①数学—青少年读物 Ⅳ. ①O1-49

中国国家版本馆CIP数据核字（2024）第105280号

又好看又好玩的

大师数学课 数与运算

YOU HAOKAN YOU HAOWAN DE DASHI SHUXUEKE SHU YU YUNSUAN

作　　者：［苏］别莱利曼

译　　者：申哲宇

出 品 人：赵红仕

责任编辑：高霁月

封面设计：赵天飞

北京联合出版公司出版

（北京市西城区德外大街83号楼9层　100088）

河北佳创奇点彩色印刷有限公司印刷　新华书店经销

字数300千字　875毫米×1255毫米　1/32　15印张

2024年7月第1版　2024年7月第1次印刷

ISBN 978-7-5596-7656-6

定价：98.00元（全5册）

CONTENTS
目录

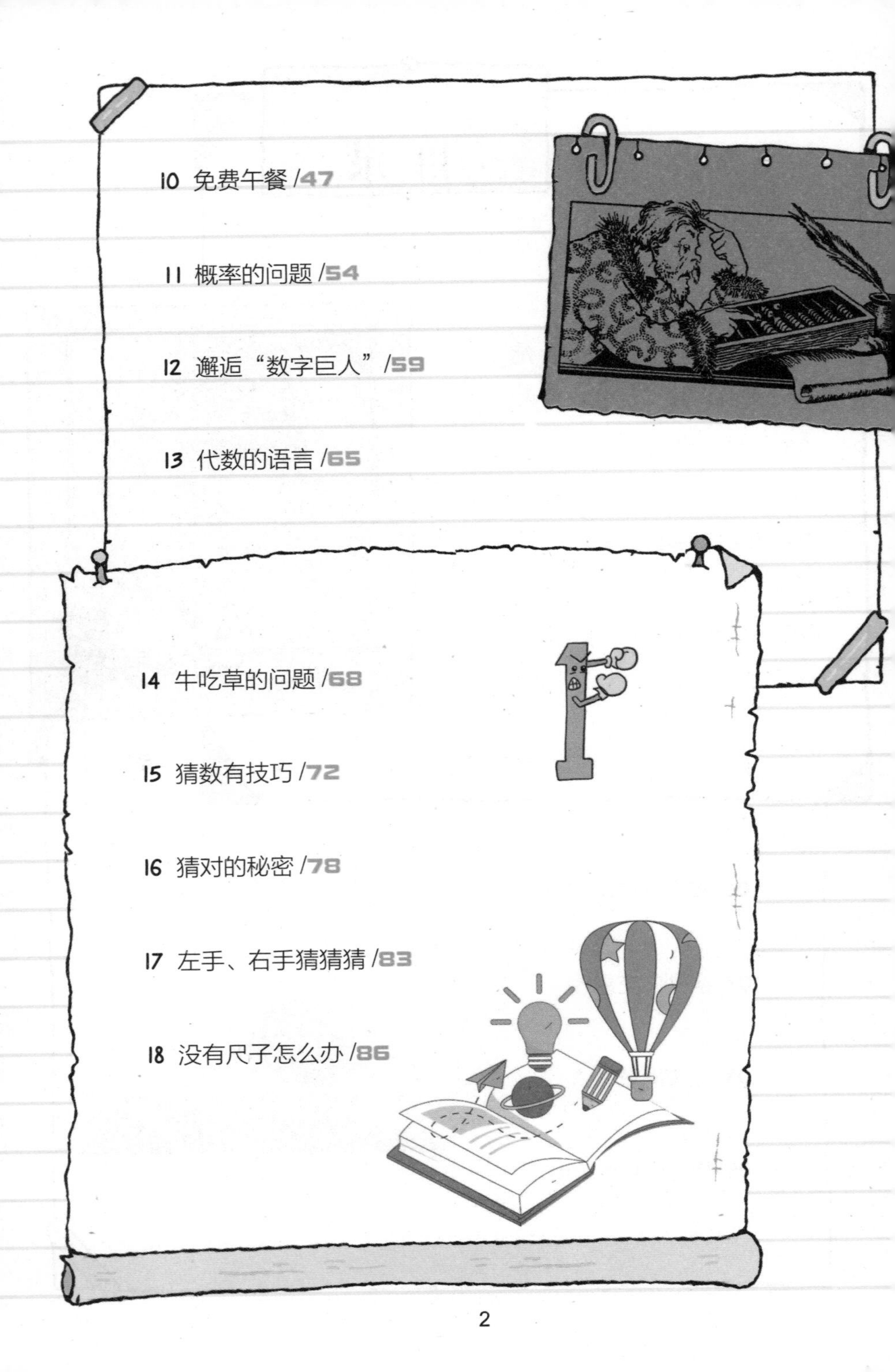

你会数数吗

如果你问出“你会数数吗”这个问题，即使是个三岁的孩子也不见得会理你。“1”“2”“3”这样顺着数，哪个人不会呢？这又算什么了不起的事情吗？确实，数数是没什么了不起。然而，我还是想说：你并非总能轻而易举地处理好数数这个看似简单的问题。

比如，一个盒子里有钉子，想数出钉子的数目自然简单。但如果这个盒子里既有钉子又有螺丝，你要怎么数清钉子和螺丝的具体数目呢？先把钉子和螺丝分作两堆，然后再一个一个地数出来？

在洗衣物的时候，一位家庭主妇也会遇到类似的问题。她有可能会按照种类给衣物分类：衬衫一堆，毛巾一堆，枕套一堆……直到全部的衣物分类完成，她就可以依次数每堆的数量了。

这样做其实就不能算作会数数！毕竟，以这种方法来数不一样的数，不仅不方便，而且很容易越数越乱。你这会儿没觉出有什么问题，也是因为我举的例子比较简单。假如你只是数数钉子或衣物，分成堆数也就算了。但假如你是一名林业工人，需要数出同一公顷土地上松树、冷杉、白桦和白杨各有多少棵，该怎么办呢？这个时候，你显然不可能先把树木按种类分组，然后依次去数每种树分别有多少棵。如果这样做的话，你得走上四趟才行呢。

那么，有没有一种方法让你只需要数一遍就能完全解决这个问题呢？自然是有的。而且，这也是林业工人们很早就开始使用的方法。下面，我们就以刚刚提到的钉子和螺丝的问题为例来展开说说吧。

想不分类就一次性数清盒子中钉子和螺丝的数量，你得先准备好纸和笔，按照下表，用笔在纸上画个表格：

钉子数	螺丝数

然后，你就可以开始数了。

首先，从盒子中任意拿出一个东西，如果是钉子，就在表示“钉子数”的那一列里画上一笔；如果是螺丝，就在表示“螺丝数”的那一列里画上一笔。然后，再任意拿

出一个东西，按照上述方法做一遍。接着，再取出第三个、第四个……直到将盒子中的东西全部拿空。最后，你只要分别数数“钉子数”列和“螺丝数”列里各画了多少笔，工作就算完成了。

<图 1>

不过，这还不算数得巧，我们还可以让这个工作再简单点。比如，在做标记的时候，我们不必一笔一笔地画，而是将其按照顺序拼成一个如图 1 的图形，每个图形由 5 个小短杠构成。

我还有个建议：最好将这些图形以两个为一组排列。也就是说，在第一列画满两个图形的时候，我们就另起一列开始画；当第二列满了两个图形后，再开启第三列……具体画法如图 2 所呈现的样子。

<图2>

这样一来，我们数小短杠就方便多了。图 2 中有三组满的图形，还有一个完整的图形和三条小短杠，就表示总数为 30 + 5 + 3 = 38。

还有一种表示方法：以每个完整的图形表示“10”（如图 3 所示）。具体例子这里就不多说了。

<图 3>

现在，回到前文所提的林业工人统计同一公顷土地上不同树木的数量问题。我们这时就可以采取这种方法了。只是这会儿，由于具体工作的不同，我们的表格也要稍作变化：要在纸上画 4 栏而不是 2 栏。为了读取方便，在准备数之前，我们不妨横着来画这个表：

松树	
冷杉	
白桦	
白杨	

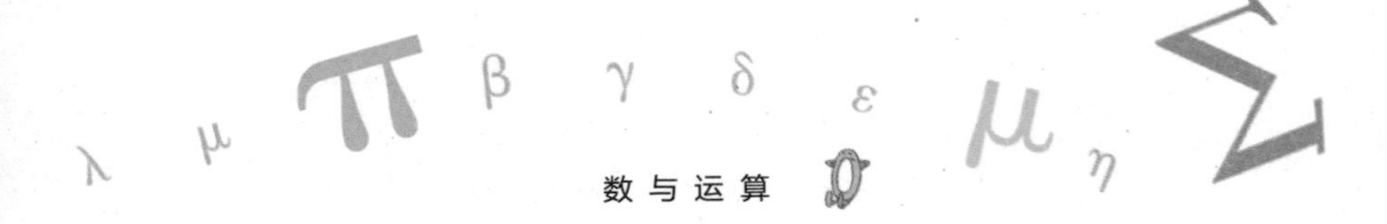

数完之后，纸上的记录结果大体如图 4 所示。

松树	
冷杉	
白桦	
白杨	

<图 4>

最后，我们只需要统计一下就好了：松树 53 棵，冷杉 79 棵，白桦 46 棵，白杨 37 棵。

这种方法的使用还是很普遍的。医生用显微镜观察血样，想算算其中红细胞和白细胞的数量时就会用。

现在，给你布置一个任务吧：在你周围找一块小草地，数数上面的植物数量分别是多少，要使用你所知道的最省时的方法。

你得先在一张纸上列出计划数的植物的名称，然后用表格将植物框起来，记得多留些空位，万一你中途又发现新的植物了呢？之后，你将它弄成如图 4 那样的表格。最后，你就像林地工人数树木那样开始数数吧！

乘法表中的“拦路虎”

说到小学生学习数学时遇到的烦恼，乘法表必然“榜上有名”。俄国著名数学家、教育家列昂尼基·马格尼茨基[1]就曾写诗鼓励大家要认真背诵九九乘法表。

或许，有不少人（尤其是成年人）对自己当初苦苦背诵九九乘法表的那段记忆已经模糊了，但还有一些人可能会有些浅浅的印象：九九乘法表中的每个算式，记忆的难度并不相同。有些算式记起来毫不费力，几乎看一遍就能牢记于心，如：$5\times5=25$，$8\times2=16$。可有一些算式记起来就没那么容易了，背了几遍之后看似是记住了，但一转身就又忘了，于是我们便不得不再次殚精竭虑地努力背诵。

[1] 列昂尼基·马格尼茨基（1669—1739），俄国数学家，教育家。他的代表作《算术，即数的科学》包含算术、代数、几何等数学知识的多个方面，对俄国数学的发展和教学产生了重要的影响。

——译者注

现在，请你来努力回想一下，$7 \times 8 = 56$ 的算式你当时能一下子记住吗？对于大多数人来说，这个算式就算九九乘法表中比较难的一个了。

想学好算术，背诵九九乘法表是必经的一环。所有的多位数的乘除法都要以掌握九九乘法表为基础才能展开。正如马格尼茨基所说："任何学科领域都离不开九九乘法表。"这句话并非绝对的夸张，不管是在马格尼茨基生活的时代，还是在当前，世界各地的青少年都在努力背诵九九乘法表。

那么，如何使背诵九九乘法表变得轻松一些呢？近来，教育心理学专家们对九九乘法表中比较难记忆的部分进行了研究。他们发现了一个很有意思的现象：对绝大多数人来说，以下五个算式属于九九乘法表中比较难记忆的：

$$8 \times 7 = 56$$

$$9 \times 7 = 63$$

$$9 \times 8 = 72$$

$$7 \times 6 = 42$$

$$9 \times 6 = 54$$

在教育心理学专家们众多的研究对象中，孩子也好，成人也罢，其中的多数人都认为上述的五个算式比较难记，而难中之难则当数 $8\times7=56$。抛开这五个算式，我们按照难度为九九乘法表中的算式简单排个序，大概如下：8×6，8×8，8×4，7×4，7×5，7×3，5×4，8×5，6×4。

接着，这些研究对象们又接受了一项调查：九九乘法表中比较不好掌握的是哪一纵列？结果显示：以 7 为乘数的纵列最不好掌握，然后是以 8 为乘数的纵列，再之后分别是以 9 为乘数的纵列、以 6 为乘数的纵列。既然有不好掌握的纵列，那自然也就有比较容易掌握的纵列：以 2 为乘数的纵列很简单，然后分别是以 3 为乘数的纵列、以 5 为乘数的纵列、以 4 为乘数的纵列。

这个研究是在德国的中小学生和老师中进行的[1]，那这个结果想来也是有一定的普遍性的，至少可以引起不少读者的共鸣。现在，我们可以肯定，在绝大多数人的眼中，以 7、8 和 9 为乘数的算式堪称乘法表中的“拦路虎”，

1 参见马克斯·杜林《教育心理学杂志》，1912。

最不容易记忆，其中，8×7，9×7，9×8，7×6 和 9×6 又最为麻烦。只是这五个算式究竟哪个更难，一时还无法确定。

你应该也见过吧？纵然是一个非常熟悉九九乘法表的成年人，在疲惫不堪或需要做快速计算时，他的大脑有时也会在这些基础的乘法面前犯迷糊——“8 乘以 7 是等于 56 吗？”

假如我们常常会因这些算式犯难，那它们就不是偶然变成人们学习乘法表中的“拦路虎”的。你想过这背后的原因吗？

说起来，原因还真不少。但有一个不得不提的原因，那就是在背诵乘法表时我们不知不觉间采取的方法。有些算式，我们记起来很容易，其实是因为我们采取了连我们自己都没意识到的辅助性方法。举个例子吧，在计算以 2 为乘数的算术时，我们有可能会下意识地使用加法，如 $4\times2=4+4$。还有，“押韵”也有助于我们背诵，比如“五五二十五”“六六三十六”“六八四十八”。在年少时，这些带“押韵”的算式我们背起来总觉得朗朗上口。

要想将能让九九乘法表背诵起来更简单的原因一一列

举完，那大概要花很长的时间。而且，这些原因并不是绝对的。$9 \times 9 = 81$ 比 $7 \times 8 = 56$ 或 $8 \times 9 = 72$ 更容易背诵，这是为什么呢？或许多少也和 81 这个数本身有关：弯弯的 8 和直直的 1 放在一起就显得很特殊。可见，在记忆的时候，数本身的这种特性也属于“加分项”。再比如数字 5，在与 2~9 中所有奇数[1]相乘的时候，结果的结尾都是 5。另外还有一些算式记起来比较容易是因为我们在生活中会经常用到。比如 4×7 就相当于四个星期……

绝大多数的研究对象们坦言，相较于其他算式，前面提到的那五个算式既不押韵，外观上也没有明显的特色，因此不怎么容易背诵。此外，他们还认为，构成那五个算式的数字——8，7，6，5，虽然看上去不同，但其实又很接近，多少也增加了背诵的难度；而且，最后的乘法结果像 54 和 56，还很容易混淆……

总之，就是这些种种不易觉察的原因吧，造成了那五个算式的难度，使它们成为许多人在学习九九乘法表路途中的“拦路虎”。

[1] 整数中，是 2 的倍数的数则为偶数（0 也是偶数），不是 2 的倍数的数叫作奇数。——译者注

数字 365

一看到“365”（图 5），你首先会想到什么？它是一年的天数，对不对？其实，它还有个有趣的性质和日历息息相关：365 除以 7 余 1，这就使得每个平年[1]开始的一天和结束的一天都为一周中的同一天。也就是说，假如某年开始的一天（1 月 1 日）为周一，那么这年结束的那天（12 月 31 日）也是周一。

根据 365 的这个性质，我们还可以发挥想象改日历，使得某个特定的日子总是一周中固定的一天。假设，我们想定 5 月 1 日为周日，那么在计算的时候，我们就可以把新年开始的那天排除在外。具体说来，就是新年开始的那天不再是 1 月 1 日，它的第二天才是 1 月 1 日，而新年开

[1] 公历年份不能被 4 整除的就是平年，反之就是闰年。注意：公历年份是整百或整千的，则需要除以 400。

——译者注

始的那天我们可将其定为“新年日”。这样一来，一年就只剩下 364 天了。364 除以 7 正是整数周，于是每年就都会以同样的周几开始，且每年的日期也都成固定的了。如果碰到了一年有 366 天的闰年，我们就设置两个“新年日”，将前两天都排除在我们的计算外就好了。

<图 5>

抛开和日历的关系，365 还有些有趣的性质。

我们先来看个式子：$365 = 10 \times 10 + 11 \times 11 + 12 \times 12$。也就是说，10、11、12 这三个连续数的平方和，恰好等于 365：$10^2 + 11^2 + 12^2 = 100 + 121 + 144 = 365$。

你以为仅仅如此吗？12 之后的两个数 13 和 14 的平方和也等于 365：$13^2 + 14^2 = 169 + 196 = 365$。

这样看来，365 这个数还真是神奇啊！

山鲁佐德之数

“山鲁佐德[1]之数”就是1001（图6）。这个在阿拉伯民间传说中出现的数也很有趣。如果故事中的国王对神奇数字感兴趣的话，1001一定会给他留下深刻的印象。

<图6>

那么，问题来了：1001究竟神奇在哪里呢？

其实，只看表面的话，1001并没有什么特别出众的地方。如果使用埃拉托

[1] 山鲁佐德是阿拉伯民间故事《一千零一夜》中的女主人公。相传她曾连续讲了一千零一夜的故事，才最终感化了滥杀无辜的国王。——译者注

色尼筛选法[1]进行检验，它都站不到“素数”的行列，因为它可以被 7、11 和 13 这三个连续的素数整除，还正好等于这三个数的乘积。这还不算什么，1001 更特别的地方在这里：有一个三位数，我们设其为 N，那么 $N \times 1001 = NN$（将这个三位数连着写两次）。比如：$873 \times 1001 = 873873$，$207 \times 1001 = 207207$……

其实，这样的结果并不出乎意料。毕竟，$873 \times 1000 = 873 \times 1000 + 873 = 873873$。不过有时候，利用“山鲁佐德之数”的性质来计算，还能“唬人”呢。

现在，你就来表演一个算术戏法吧！保证能令一些不

1 埃拉托色尼（约前 276—前 194），古希腊著名数学家、地理学家。他研究了一个筛选法来检验素数：列出给定范围内所有不小于 2 的自然数（包含 2），然后按照顺序进行筛选。首先，从 2 开始，2 保留，将剩下数中 2 的倍数删除；其次，再从 3 开始，3 保留，将剩下数中 3 的倍数删除；接着，再从 5 开始，5 保留，将剩下数中 5 的倍数删除……以此类推，直到所给定范围内的所有数都按照要求保留或删除，最后留下来的所有的数就是素数。素数，也就是质数，为大于 1 的整数，除它本身和 1 外，不能被其他正整数所整除。

——译者注

了解数学奥秘的人大吃一惊。

你可以请一名观众在心里随便想一个三位数，然后背着你在一张纸上将这个数连着写两次。现在，纸上就是一个由两个相同的三位数组成的六位数。紧接着，你再邀请这个人或他旁边的人将纸上的这个数除以 7。当然得数不能告诉你。但是你可以先预言：结果一定是整数。接下来，将写着得数的这张纸再交给另外一个人，让他将得数除以 11。你还是只做预言：结果一定是整数。之后，再换一个人，让他将刚刚的得数除以 13，你再预言：结果一定是整数。最后，你都不需要看，直接将写着最终得数的纸拿给一开始写数的那名观众，然后告诉他："这就是你心里想着的那个数。"结果怎样？你自然是答对了。

在不知情的观众的眼中，你的这个算术戏法堪称精妙。但它的原理再简单不过了。把一个三位数连着写两次就相当于将它乘以 1001，也就是乘以（$7\times11\times13$）。这位观众将他心里想着的数连着写了两次，得到的这个六位数一定可以被 7、11、13 整除。因此，只要将这个六位数依次除以 7、11、13（也就是除以 1001），得到的结果自然就是观众心里想着的数了。这就是这个戏法真正的奥妙所在。

两位数的乘法速算

你知道吗？有些乘法运算是可以按照简便方法进行的。读者不妨将它们记下来，这样也可以降低计算的难度。比如，在计算一个两位数的乘法时，我们就可以用“交叉相乘法”。我们来看看吧。

假设要算一个两位数的乘积：24×32，我们可以先按照如下形式排列：

$$\begin{matrix} 2 & & 4 \\ | & \times & | \\ 3 & & 2 \end{matrix}$$

之后，我们就可以按照我说的步骤进行计算了。

首先，计算 4×2 = 8，那么结果个位上的数字就是 8 了。其次，计算 2×2 + 4×3 = 16，那么结果十位上的数就是 6，留下 1 备用。最后，计算 2×3 = 6，再加上上一步留下来的 1，得到 7；那么结果中百位上的数字就是 7。现在，24×32 的结果从百位到个位的数字都出来了：7，6，8——768。

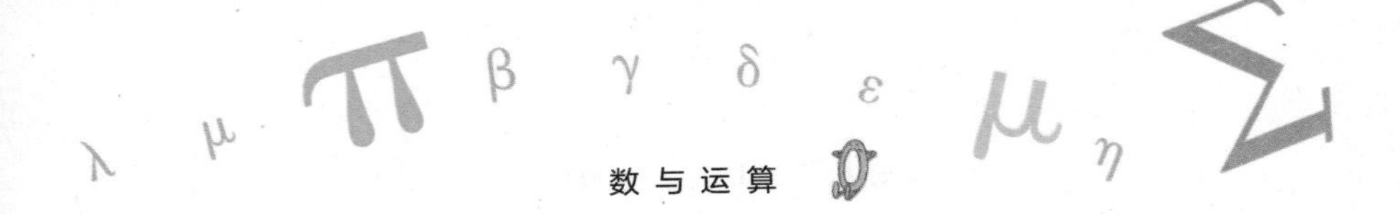

只要多加练习，这种方法并不难掌握。

还有一种名叫“补足法”的速算法也很好用。不过这种方法最好是用在接近 100 的数中。

假设现在要算 92×96 的结果，我们可以这样考虑：要把 92 补足到 100，还差 8；要把 96 补足到 100，还差 4。之后，我们就可以按照如下列式了：

乘数：92，96

补足数：8，4

接下来，我们只需要用乘数减去补足数（反之亦可），就可以得到结果的千位数和百位数了：$92-4=96-8=88$；两个补足数的积 $8\times4=32$，与前面算的数组合在一起，就是 92×96 的最终结果：8832。

最后来看个式子，你们就知道我所言非虚了。

$$92\times96=\begin{cases}88\times96=88\times(100-4)=88\times100-88\times4\\ \quad+\qquad\qquad\qquad\qquad\qquad\qquad\qquad+\\ 4\times96=4\times(88+8)\quad=4\times8\quad+88\times4\end{cases}$$

$$\overline{92\times96}\qquad\qquad\qquad\qquad=\overline{8832\quad+\quad0}$$

攀登勃朗峰

现在，我们来看一个有意思的计算。

你应该见到过不少每天奔波在送信路上的邮递员或每天忙于探视病人的医生吧？但如果你开口就问他们："请问，您攀登过勃朗峰[1]吗？"他们一定会觉得你有些莫名其妙。其实，你完全可以证明给他们看：虽然并非登山运动员，但他们有可能已经完成了攀登阿尔卑斯最高峰——勃朗峰的"伟大壮举"，甚至攀登得更高。方法很简单：算算邮递员送信或医生探视病人总共爬过的台阶数即可。如此你就会发现，这些从未参加过体育比赛的邮递员或医生，实际早已"打破了登山纪录"。来吧，计算开始！

我们需要取一个较小的平均值来计算。我们先来做个假设：一位邮递员每天只给10个人送信，这些人分别住

1 勃朗峰：西欧第一高峰，也是阿尔卑斯山脉最高峰，海拔4810米。

——译者注

<图7>

在二楼、三楼、四楼、五楼（图7）……我们就取三楼做平均值吧。三楼有多高呢？为了方便，我们不妨取10米的整数。这样的话，邮递员每天爬楼的高度就可以算出来了：$10 \times 10 = 100$ 米。勃朗峰的海拔近似4800米。那么，这位邮递员要攀登勃朗峰，只需要 $4800 \div 100 = 48$ 天……

按照这样的计算方式，一个普通的邮递员只要48天就能沿着楼梯爬过勃朗峰，且每年近8次登顶。这样的纪录就算是运动员也难以做到吧？

接下来，我们再以医生为例算一算。

有在圣彼得堡出诊的医生曾经做过一个简单的估算：他们每人每个工作日要爬的台阶数可达2500级。我们再以整数来做一个假设：每级台阶的平均高度为15厘米，一年有 300 个工作日，那医生每年要爬的高度就是 15×2500×300 厘米，即 112.5 千米。这都快赶上登顶勃朗峰 20 多次了。

其实，能在无意间就完成这项“伟大壮举”的并非只有邮递员和医生。就拿我来说吧！我住在 2 楼，通向我家的楼梯有 20 级。你是不是觉得这个数目很不起眼？但你知道吗？我每天都要沿着楼梯上下 5 次，而且我还要去拜访两位熟人（他们和我住得一样高）。简单来说，面对 20 级的楼梯，我每天就要上下 7 次，也就是我每天要经过 140 级台阶，这样近一年就得 140×365 = 51100 级台阶。

看看吧，每年光楼梯我就要爬 50000 多级。那么到 60 岁的时候，我能爬多高呢？近 300 万级（450 千米）的天梯！如果有人在我小时候就将我带到这座天梯之下，指着那看不见的顶点告诉我，我终有一日能爬上去。我一定会惊掉下巴的……

另外，像电梯操作员这种因工作需要而经常登高的人，又能爬多高呢？从我们脚下到月球的距离！这是有人曾根据纽约某摩天大楼里的一位电梯操作员 15 年间爬过的高度估算出的数据。这是多么惊人啊！

盈利的交易

有关这个故事发生的时间和地点，我也不太清楚。可能它从未发生过，也可能它只是人们的胡编乱造。但这个故事实在太有意思了，所以我忍不住想将它讲给你们听。

1

这天，一位百万富翁的家里来了一位不速之客。这位客人称他想和富翁做一个关于钱的交易。当然，这个富翁还从来没有听说过这种交易（图 8）。

<图8>

“从明天起，30 天内，我会每天给您送来 1000 卢布[1]。”这位客人开口说道。

富翁静静地听着，客人却忽然沉默了。

“你说的是真的？”富翁忍不住打破了沉默，“请你继续，你为什么要这么做？”

“第一天，当我给您送来 1000 卢布的时候，您还需要支付我 1 戈比。”

“1 戈比？你确定没弄错吗？”富翁惊讶极了，他一度以为自己幻听了。

“没错，就是 1 戈比。”客人斩钉截铁地说道，“不过，第二天，当我给您送来 1000 卢布的时候，您就要支付我 2 戈比。”

“这样吗？那之后……”富翁追问道。

“第三天，当我给您送来 1000 卢布的时候，您就要支付我 4 戈比；第四天，当我给您送来 1000 卢布的时候，您就要支付我 8 戈比；第五天，您要支付我 16 戈比……诸如这般

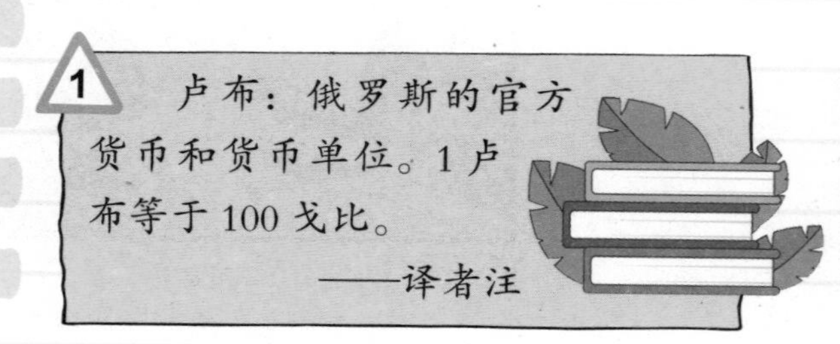

[1] 卢布：俄罗斯的官方货币和货币单位。1 卢布等于 100 戈比。
——译者注

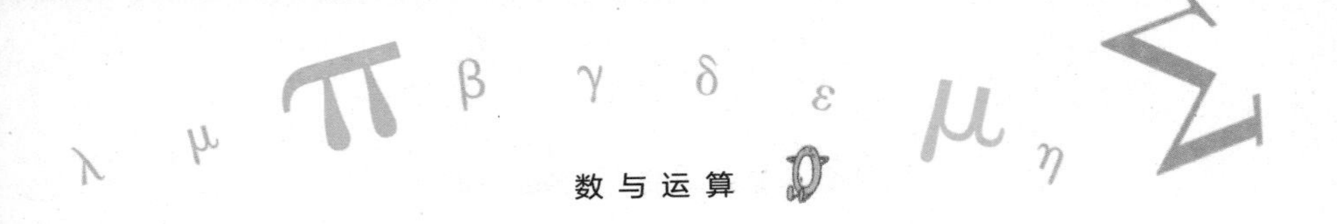

算下去，也就是说，在30天内，您每天需要给我的钱数正好是前一天的两倍。”

“仅仅这样？”

“没错，就是这样。在接下来的30天里，我希望我们能严格遵守这个约定。每天早晨，我会给您带来1000卢布，而您则需要把给我的钱准备好。我还有一个要求：30天内不能毁约。”

“他给我1000卢布，却只要我给他1戈比。”富翁暗自琢磨，“难道这钱是假的？或者说这个人的脑子有问题？”不过，他最终还是同意了这个交易。他说：“那么，从明天开始，我们的约定就生效了。你给我钱，我也会给你钱。不过，你可别想着用假钱来蒙我。”

“不会的，您放心。”客人说，“您明天就等着我吧。”

在客人离开后，富翁独自想了很久：这位奇怪的客人明天到底会不会来？如果他意识到自己做了一个赔钱的买卖，他是不是就再也不会登门了？

· 2 ·

第二天一早，昨天的那位客人就来“砰砰”地敲富翁的窗户了（图9）。

“我把钱带来了。您也要把该给我的1戈比准备好。”说着，客人就从钱包里掏出了1000卢布。

富翁也掏出1戈比放在桌子上，一边有些忐忑地看着客人，一边心里嘀咕：“他会拿这1戈比吗？他会不会反悔想要回自己的1000卢布呢？”不过，富翁白担心了，那位客人拿起1戈比掂了掂，就将它放进了自己的口袋。“明天我还会来，您准备好2戈比等着我吧。”客人说完就离开了。

<图9>

看着这从天而降的1000卢布，富翁还以为自己在做梦。他仔细检查了这些钱，没错，都是真的。富翁顿时心花怒放，满心期待第二天的到来。

到了晚上，富翁又开始忐忑：“这个人会不会是个由骗子而扮的老实人？他是不是打算先摸清我的藏钱地，然后再趁虚而入？”富翁越想越害怕，赶紧将房门死死关住。直到夜深，他还屏气凝神，站在窗户边观望，久久没有入睡。

第二天一早，那位客人又带着1000卢布来敲窗户了。

在富翁确认钱无误后，客人也拿着自己的 2 戈比走了。走之前他还叮嘱富翁不要忘记准备明天的 4 戈比。

轻而易举地又得了 1000 卢布，富翁觉得十分开心。而且，他发现这位客人既不会在他家东张西望，也不会打听其他事，每次只要拿到自己应得的钱就离开。富翁有些放心了：这个人看上去不像骗子。“真是个怪人！”富翁想，“如果世界上能多一些这样的怪人，我这样的聪明人可好过多了……”

第三天一早，客人又来敲窗户了。这次，富翁支付给客人 4 戈比，得到了他的第三个 1000 卢布。

第四天，富翁通过同样的方式获得了他的第四个 1000 卢布。当然，他也支付了 8 戈比。

第五天，富翁又得到了第五个 1000 卢布，并支付了 16 戈比。

第六天，富翁又得到了 1000 卢布，支付了 32 戈比。

很快，一星期结束了。富翁一共获得了 7000 卢布，而他一共支出的却很少，仅仅有 1 卢布 27 戈比（$1 + 2 + 4 + 8 + 16 + 32 + 64 = 127$）。

富翁心花怒放，贪心的他爱上了这个交易，他甚至都

<图 10>

有些后悔这个交易只约定了 30 天，自己只能得到 30000 卢布。他很想劝说客人将交易时限延长，哪怕延长两三周都行，但他又担心客人忽然脑子转过弯，意识到这些钱都是白给他的（图 10）。

接下来的日子里，客人一如既往地带着 1000 卢布来到富翁家。当然，他也得到了他应得的钱：第八天，1 卢布 28 戈比；第九天，2 卢布 56 戈比；第十天，5 卢布 12 戈比；第十一天，10 卢布 24 戈比；第十二天，20 卢布 48 戈比；第十三天，40 卢布 96 戈比；第十四天，81 卢布 92 戈比。

富翁付钱很痛快。毕竟，这两个星期他只花了 160 多卢布，就获得了 14000 卢布。

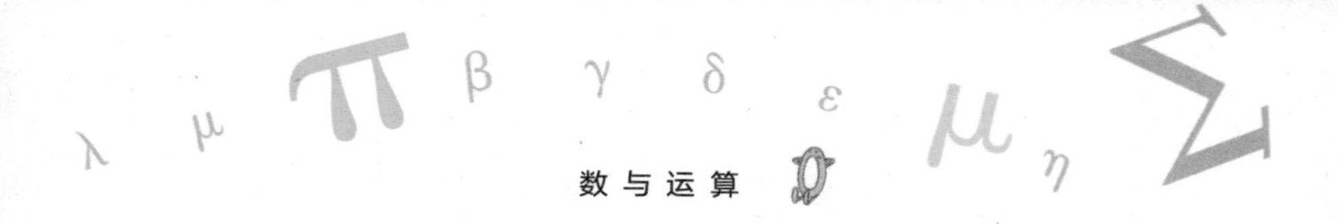

3

好景不长，富翁的喜悦就消失了。因为他发现这位客人并不糊涂，而他们约定的这个交易也不像一开始那样划算了（图 11）。这么说吧，从第三周开始，为了得到 1000 卢布，富翁就得支付上百卢布。而且，随着时间的推移，他要支付的钱数也在猛增。来看看从第三周开始，富翁要支付的钱吧：

获得第 15 个 1000 卢布	支付 163 卢布 84 戈比
获得第 16 个 1000 卢布	支付 327 卢布 68 戈比
获得第 17 个 1000 卢布	支付 655 卢布 36 戈比
获得第 18 个 1000 卢布	支付 1310 卢布 72 戈比

<图 11>

在之后的交易中，富翁已经无利可图了。为了得到1000卢布，他要付出得更多。可是，他又不能中途毁约，便只能硬着头皮坚持下去。此时，富翁觉得自己还是赚了的：虽然付出了大约2600卢布，但他得到了18000卢布。

然而，之后的形势对富翁愈加不利。他终于意识到，这位客人其实是个非常聪明的人，客人在后期得到的钱数远比他支付的要多得多。可惜，富翁明白得有些晚了。

来看看富翁之后为得到1000卢布所掏的钱吧：

获得第19个1000卢布	支付2621卢布44戈比
获得第20个1000卢布	支付5242卢布88戈比
获得第21个1000卢布	支付10485卢布76戈比
获得第22个1000卢布	支付20971卢布52戈比
获得第23个1000卢布	支付41943卢布4戈比

看出来了吧？在获得第23个1000卢布的时候，富翁需要掏的钱就超过他30天所得的钱了。

离约定就差7天了！但就是这7天，令富翁遭到重大打击。这时候的他，每天需要向客人支付的钱数如下：

获得第 24 个 1000 卢布	支付 83886 卢布 8 戈比
获得第 25 个 1000 卢布	支付 167772 卢布 16 戈比
获得第 26 个 1000 卢布	支付 335544 卢布 32 戈比
获得第 27 个 1000 卢布	支付 671088 卢布 64 戈比
获得第 28 个 1000 卢布	支付 1342177 卢布 28 戈比
获得第 29 个 1000 卢布	支付 2684354 卢布 56 戈比
获得第 30 个 1000 卢布	支付 5368709 卢布 12 戈比

在约定结束客人离开后，富翁想算算自己为得到30000 卢布究竟付出了多少。结果令他顿时瘫软在地：10737418 卢布 23 戈比（图 12）。

<图 12>

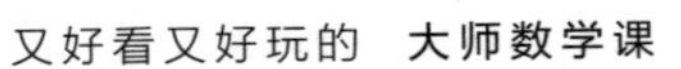

<图 13>

将近1100万卢布的巨款，开始仅仅是从1戈比起步的。而那位客人虽然每天都给富翁带来了1000卢布，但30天后客人还是占了大便宜（图13）。

・4・

我们的故事到达尾声了。这时，我想先说一个问题：如何用最简便的方法来算出富翁的支出。换句话说，其实就是怎样求下列数列的和：

$$1 + 2 + 4 + 8 + 16 + 32 + 64 + \cdots$$

如果观察得足够仔细，你会发现这个数列有以下特性：

$2 = 1 + 1$

$4 = (1 + 2) + 1$

8 =（1 + 2 + 4）+ 1

16 =（1 + 2 + 4 + 8）+ 1

32 =（1 + 2 + 4 + 8 + 16）+ 1

…………

看出来了吧？这个数列中的每一个数都等于它前面所有符合这个规律的数求和之后再加 1。所以，我们如果想算出这样一个数列的和，例如从 1 到 32768，我们要做的很简单：将最后一个数字 32768 加上它前面所有按照两倍递增的数的和（即 32768 减去 1）。如此，结果就能很快算出来了：65535。[1]

依照这个简便方法，我们只要知道富翁最后一天支付给那位客人的钱数，就能很快算出富翁 30 天内的总支出了。根据故事中提供的，富翁最后一天支付给客人 5368709 卢布 12 戈比。那么，富翁 30 天内的总支出就是 5368709 卢布 12 戈比加 5368709 卢布 11 戈比，总计还真就是 10737418 卢布 23 戈比呢！

1 关于这个计算结果，我们也可以用 32768 乘以 2，再减去 1 来获得。——译者注

城市消息

在城市中，消息的传播速度简直快到你难以想象！有时目击者明明只有几个人，但事情发生还不到两个小时，消息就已传遍全城，几乎所有人都听说了。

这种超乎寻常的传播速度实在是不可思议。可实际上，我们只需通过一些简单的计算就能发现：事件的真相只是源于数的特性，消息本身并没有什么神秘之处。

1

我们这就来举例，看看事情究竟是怎么发生的。

早上 8 点，一个外地人来到一座小城，还带来一则令每个人都很感兴趣的新鲜消息。这个人在他落脚的宾馆中把消息告诉了 3 个当地人。假设他用了 15 分钟的时间。

所以，早上 8 点 15 分的时候，这座小城里就有 4 个人知道了这个消息：1 个外地人和 3 个当地人。

得知这一消息后，3 个当地人又各自告诉了另外 3 个人（图 14），假设这也需要 15 分钟的时间。所以，消息传到

<图 14>

小城之后过了半个小时，已经有 $4 + 3 \times 3 = 13$ 个人知道了。

刚刚得知消息的 9 个人又在接下来的 15 分钟内各自与另外 3 个人分享了消息。所以，在早上 8 点 45 分的时候，知道这个消息的人数就有 40 人（$13 + 3 \times 9$）了。

如果这个消息继续以这种方式传播，即每个刚得到消息的人都会在 15 分钟内把它告诉另外 3 个人，那么这个消息在小城里会按这样的速度传播：

9 点整知道消息的人数：$40 + 3 \times 27 = 121$ 人；

9 点 15 分知道消息的人数：$121 + 3 \times 81 = 364$ 人；

9 点 30 分知道消息的人数：$364 + 3 \times 243 = 1093$ 人。

可见，自从这个消息传到这座小城后，过了一个半小时，知道的人数已突破 1000 人。相对于小城里的 5 万居民来说，这个数字似乎并不大。也许你会以为，消息不

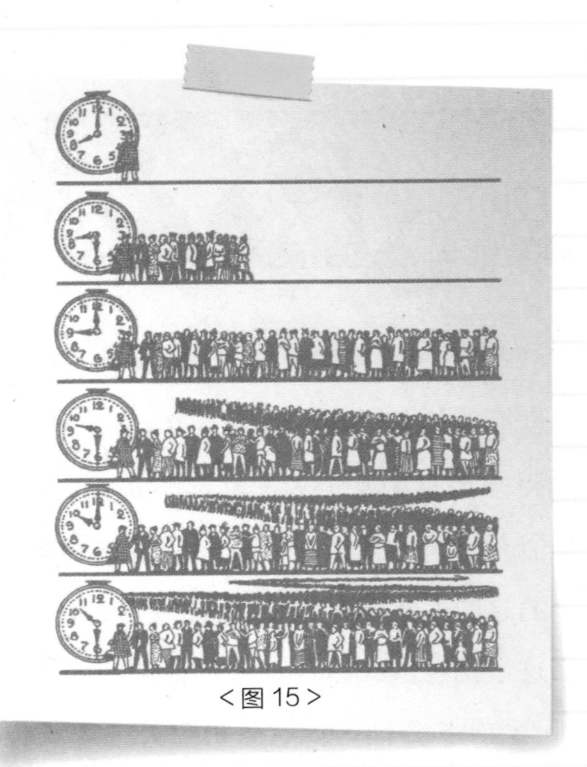

<图 15>

会那么快就尽人皆知。不过，请你继续关注消息的传播情况吧：

9 点 45 分知道消息的人数：$1093 + 3 \times 729 = 3280$ 人；

10 点整知道消息的人数：$3280 + 3 \times 2187 = 9841$ 人；

10 点 15 分，知道消息的人数就将超过全城总人口的一半：$9841 + 3 \times 6561 = 29524$ 人。

所以，那则早上 8 点时仅有一个人知道的消息，在 10

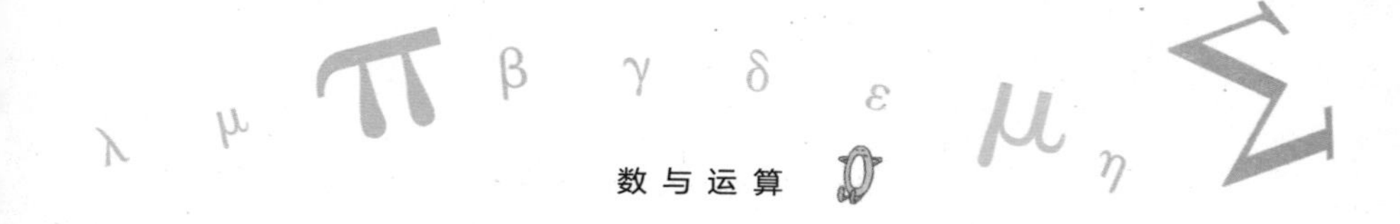

点半前就会传遍全城，变得尽人皆知（图 15）。

· 2 ·

现在，我们来分析一下，上面的计算是怎样完成的。

按题意，上述问题可简单归结为求以下数列之和：

$$1 + 3 + 3\times3 + 3\times3\times3 + 3\times3\times3\times3 + \cdots$$

我们能否像前面那个故事里求“1 + 2 + 4 + 8 +…”那样，快速算出这个数列的和呢？假如我们分析一下数列中各项的特点的话，就会发现：

$1 = 1$

$3 = 1\times2 + 1$

$9 = (1 + 3)\times2 + 1$

$27 = (1 + 3 + 9)\times2 + 1$

$81 = (1 + 3 + 9 + 27)\times2 + 1$

…………

也就是说，除 1 外，数列中的每一项都等于前面所有数（符合规律的数）之和乘以 2 再加 1。

由此可知，要求出这个数列内所有数之和，只需将最后一项加上它减去 1 后的一半，比如：$1 + 3 + 9 + 27 + 81 + 243 + 729 = 729 + (729 - 1)\div2 = 1093$。

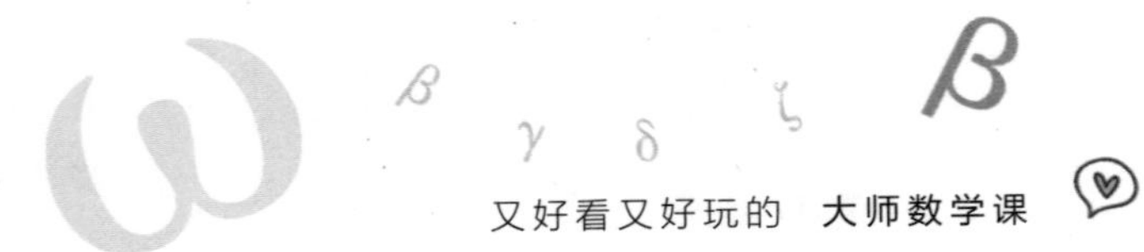

· 3 ·

在我们假设的情况下，每个市民在听到消息后都将它转述给了另外 3 个人（图 16）。但是，如果每个市民再多嘴一点，把听到的消息告诉更多的人，比如 5 个人甚至 10 个人，那消息的传播速度又会快很多。比如，当消息以每次 5 人的速度向外传播时，它在这座小城里的传播情况就会变成这样：

8 点整知道消息的人数：1 人；

8 点 15 分知道消息的人数：$1 + 5 = 6$ 人；

8 点 30 分知道消息的人数：$6 + 5 \times 5 = 31$ 人；

<图 16>

8点45分知道消息的人数：31 + 25×5 = 156人；

9点整知道消息的人数：156 + 125×5 = 781人；

9点15分知道消息的人数：781 + 625×5 = 3906人；

9点30分知道消息的人数：3906 + 3125×5 = 19531人。

所以，在早上9点45分之前，全城5万市民就都能知道这一消息了。

再比如，每个听到消息的市民都把它告诉了另外10个人，那么消息的传播速度当然会更快，我们会得到下面这个迅速增长的有趣数列：

8点整知道消息的人数：1人；

8点15分知道消息的人数：1 + 10 = 11人；

8点30分知道消息的人数：11 + 10×10 = 111人；

8点45分知道消息的人数：111 + 100×10 = 1111人；

9点整知道消息的人数：1111 + 1000×10 = 11111人；

显然，这个数列的下一项是111111，说明上午9点多一点儿，这座城市的居民就都能知道消息。消息几乎只用了1个小时就传遍了全城！

09 棋盘的传说

国际象棋是一个很古老的游戏，存在了很多个世纪，因此，便有了各种关于它的传说。不过，这些传说的真实性都因为年代久远而无从考证。我下面要讲的就是一个关于国际象棋的传说。

要听懂这个传说，并不需要你熟谙国际象棋的玩法，只要知道它是在被划分成 64 格的棋盘上进行的就够了。

1

国际象棋起源于印度。据说，印度国王舍拉姆熟悉了国际象棋的玩法后，便对其中蕴含的机智奇巧和棋局的多样性赞叹不已。国王得知这个游戏的发明者是自己的臣民时，急忙下令召他进宫，想亲自奖赏他。

于是，那个名叫谢塔的发明者便出现在了国王的宝座前。他是一个衣着朴素的学者，靠教授学生来维持生计。

“谢塔，”国王说，“你发明的这个游戏如此出色，我应当给你奖赏。”

<图 17>

聪明的学者没说话，向国王深鞠一躬行礼。

国王继续说：“我有足够的财富，可以满足你的任何愿望。说吧，大胆地说出你想要的奖赏，我定会满足你（图 17）。”

谢塔还是没有说话。

“不用怕，谢塔。”国王鼓励道，“大胆地说出你的愿望吧。只要能实现，我在所不惜。”

“您太仁慈了，陛下。”谢塔恭敬地说，“希望您能给我一点时间，让我认真考虑一番。等明天，我再告诉您我的请求吧。”

得到国王的应允，谢塔就退下了。第二天，谢塔再次出现在国王的宝座前，且提出了一个令国王惊讶不已的简单要求。

“陛下，”谢塔说，“请您下令，在象棋棋盘的第 1 个方格内为我放入 1 颗小麦粒。”

“就是普通的小麦粒吗？”国王疑惑地问道。

“是的，陛下。然后，在第 2 个方格内放入 2 颗小麦粒，第 3 个方格内放入 4 颗小麦粒，第 4 个方格内放 8 颗，第 5 个放 16 颗，第 6 个放 32 颗……”

<图 18>

“够了，”国王生气地打断了谢塔的话（图 18），“我会下令让人在棋盘的 64 个方格内都放入小麦粒，而且按照你的要求，每个方格内的小麦粒数量是前一个方格内小麦粒数量的两倍。但是，我要告诉你，谢塔，你的要求完全辜负了我的慷慨。你设计了那么精妙的游戏，所要的奖励却如此微薄，这简直就是对我的仁慈的蔑视！身为一名教师，你应该懂得如何尊重国王，为学生树立感念国王仁慈的最好榜样。你走吧，我会派人把你要的小麦粒用袋子装好，让你拿回去的。”

谢塔笑了笑，退出大厅来到宫门前等候着（图 19）。

· 2 ·

那天，到了吃午饭的时候，国王又想起了谢塔，便派人去问，看看那个鲁莽的家伙是不是已经拿走了他那点可怜的奖赏。

“陛下，”派去的侍从回来报告说，“您的命令还在执行中，宫里的数学家们正在计算应该付给谢塔的小麦粒的数量。”

国王不由得皱起了眉头，他很不习惯自己下达的命令执行得如此之慢。

晚上临睡前，国王再次派人去询问谢塔之事的进展。

侍从回答说：“陛下，您的数学家们还在废寝忘食地工作着，期待天亮后能算出最后的结果（图 20）。”

<图 19>

“就这么点小事，竟然办得如此拖泥带

<图 20>

水！”国王生气地大声吼道，“在我明天醒来之前，必须把最后一颗小麦粒发给谢塔。我不想再说第二遍。”

第二天一早，就有人向国王禀报：宫里的数学家代表有重要情况汇报。国王下令让他进来。

“先说说吩咐你的差事，”国王说，“我想知道，谢塔要的那点奖赏是否已经全部发给他了。”

“陛下，我这么早来见您正是为了这件事。”年老的数学家回答说，“我们仔细计算了谢塔要求的小麦粒的数量，这个数简直大得惊人……”

“不管最后的数有多大，我的粮仓也不会被拿空。既

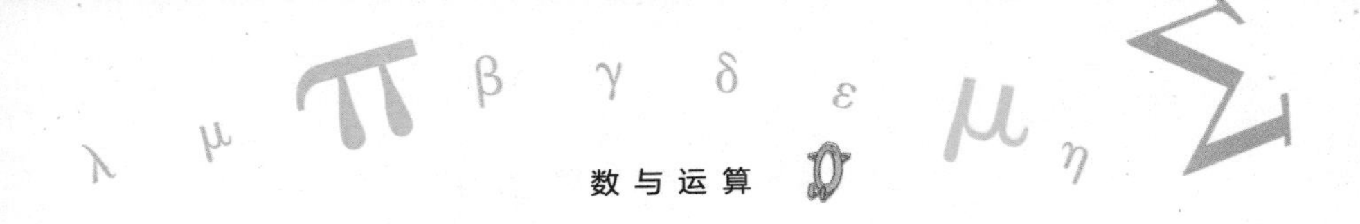

然我已经答应他了，就应该如实兑现。”国王十分傲慢地说道。

“可是陛下，您完全没有能力满足谢塔的要求，即使把您所有粮仓里的小麦都加起来也远远不够。不仅全国没那么多小麦，就连全世界范围内也找不到足够的小麦。如果您坚持要兑现承诺，那么就请您下旨，把全国的土地变成耕地，甚至填海造田，然后让覆盖在北方荒原上的冰雪都融化，再把所有空地种上小麦，并将这些土地上所有收获的小麦都给谢塔，这样也许能兑现对他的奖赏。”

听了数学家的话，国王感到无比惊讶，他沉思了一会儿，问道：“这个大得惊人的数究竟是多少？”

“18446744073709551615 颗小麦粒啊，陛下！”年老的数学家说道。

3

关于棋盘的传说就是这个样子了。至于故事是不是真的发生过我们可以持怀疑的态度，但故事中国王需要赏赐给谢塔的小麦粒的数量的确是这么多。你如果不相信，可以耐心地算算看。

请你从 1 开始，然后分别加上 2，4，8，16…一直加

到 2 的六十三次方[1]，最后的总和就是国王答应给谢塔的奖赏。按照我们前面所学过的方法，只要给所加的最后的那个数乘以 2 再减去 1，谢塔应得的小麦粒的数量就出来了。所以，这个题目的关键就在于计算出 2 的六十三次方再乘以 2，也就是要计算 2 的六十四次方，即：

$$2\times2\times2\times2\times2\cdots \text{（2 与 2 相乘 64 次）}$$

为了计算方便，我们可以给这需要相乘的 64 个 2 分分组：10 个为一组，便有了 6 组，其余的一组则由剩下的 4 个 2 组成。10 个 2 相乘的结果不难算，是 1024，4 个 2 相乘的结果是 16，因此我们最后要计算的便是：

[1] 2 的六十三次方，其实就是 63 个 2 的乘积。这个结果就是棋盘上第 64 个格子中的小麦粒的数量。关于这个结果的推算过程，我们可以简单看一下：

第 1 个格子 $= 1$

第 2 个格子 $= 1\times2$

第 3 个格子 $= 1\times2\times2$

第 4 个格子 $= 1\times2\times2\times2$

…………

第 64 个格子 $= 1\times\underbrace{2\times2\times2\cdots\times2}_{63\text{ 个 }2}$

——译者注

$1024 \times 1024 \times 1024 \times 1024 \times 1024 \times 1024 \times 16$。$1024 \times 1024$ 的结果为 1048576。那么，上述算式就可以写成：$1048576 \times 1048576 \times 1048576 \times 16$。得到结果后，只需要减去 1，就是谢塔应该得到的奖赏，即 18446744073709551615 颗小麦粒。

倘若你无法想象这个数究竟有多么惊人，那么你可以估算一下多大的粮仓才能放下这些麦粒。已知，每立方米的小麦堆约有 1500 万颗麦粒，那么国王奖赏给谢塔的小麦大约占据的体积就应该是：$\frac{18446744073709551615}{15000000} \approx$ 1200000000000 立方米（即 1200 立方千米）。若要将这么多的小麦粒放在高 4 米、宽 10 米的粮仓里，那么这个粮仓的长度就应该是 $1200000000000 \div 4 \div 10 = 30000000000$ 米，即 30000000 千米。这个长度比地球到月球的距离还要长很多倍（图 21）。

<图 21>

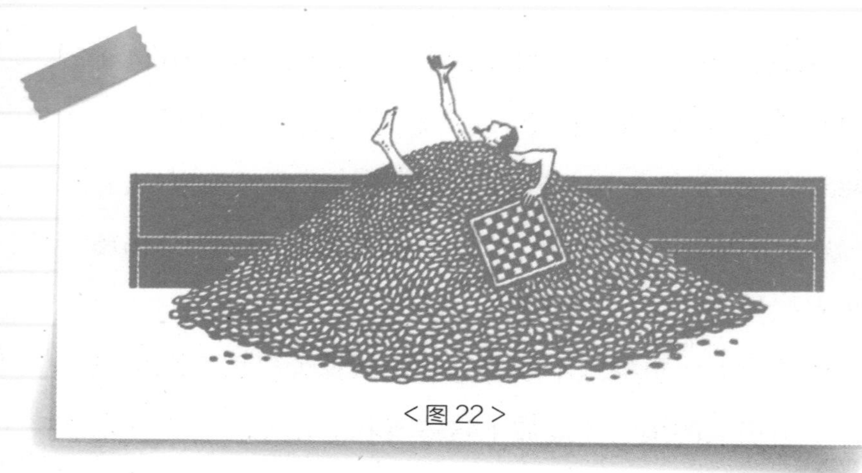

<图22>

4

显然，印度国王即便再慷慨，也没办法拿出这么多的奖赏。不过，要是他有足够的数学禀赋，他其实可以很轻松地从如今的困境中解脱出来——国王只需下令，让谢塔把自己应得的小麦粒一颗一颗地数出来就可以了。

假设谢塔以1粒/秒的速度一刻不停地数小麦粒，那么第一个昼夜他能数出86400颗小麦粒。要数出100万颗小麦粒，他至少需要夜以继日、不间断地数11个昼夜。1立方米的小麦他就要数上将近半年的时间。即使他一刻不停地数10年，也只能数出大约300000000颗小麦粒。所以，就算谢塔整个后半生都用来数小麦粒，他也只能数出他的全部奖赏中微不足道的一部分（图22）。

免费午餐

· 1 ·

为了庆祝中学毕业，10个中学生计划找家餐馆聚餐。等大家都到了之后，服务员正好为他们端来了第一道菜。可这时，因为座位问题，10个中学生产生了分歧：有认为应该按照大家姓名的拼读次序就座的，有认为应该按照年龄大小就座的，有认为应该按照学习成绩就座的，还有认为应该按照身高排序就座的……他们为此争论不休，直到菜都凉了，还没有讨论出一个妥当的就座顺序（图23）。

这时，服务员登场了："亲爱的朋友们，你们先不要

<图23>

吵了。我有些话要说，你们暂时随便找个位子坐一下。”

10个中学生这才停止了争论，就近找位子一一落座。

“请看一下你们的座位号！”服务员继续说道，“你们要记住这个号，等明天再来这儿用餐的话，你们再换位子就座，后天再来就再换。请依照这个方式顺延下去，直到坐完所有的位子。如果某一天，你们又重新坐回了今天的位子，我就请你们免费吃我们这儿最好的午餐。”

10个中学生同意了服务员的提议。为了这顿免费午餐，他们决定之后每天都来这家餐馆吃饭，并不停地更改就座顺序。但是，我得告诉大家一个事实：这10个中学生根本等不到这顿免费午餐。当然，这不是因为服务员骗了他们，而是因为更换座位的方式实在太多了，得有3628800种。

照这么算来，这10个中学生想吃上这顿免费午餐就需要3628800天（大约9942年），快10000年了。这么久的时间，谁能等得起呢？

• 2 •

你是不是觉得我在夸大？只有10个人，怎么可能有这么多种就座的方式呢？现在，我们就来算算看。

我们先来举个简单的例子：看图24中的三个物体，

我们可以分别给它们命名为 A、B、C。

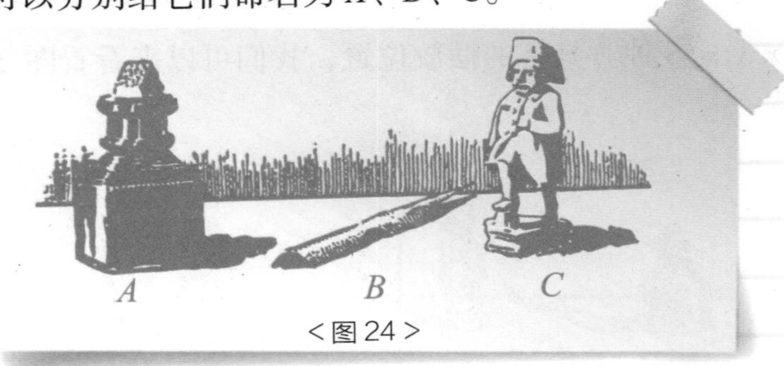

<图 24>

现在，我们就来看看这三个物体是怎么变位置的吧！假如我们先将 C 排除在外。那剩余的两个物体的摆放位置就只有如图 25 所示的两种：

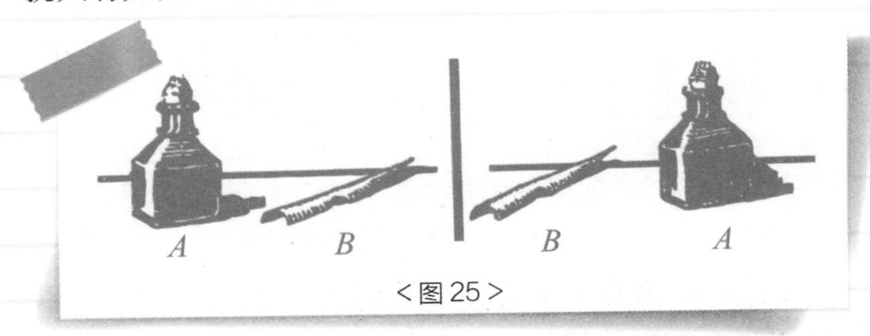

<图 25>

现在，我们想把物体 C 也摆放进去。那么，就有三种摆放方式：①将物体 C 放在每排之尾；②将物体 C 放在每排之首；③将物体 C 放在其余两个物体的中间。

想想看，对于物体 C 而言，也只能这么摆，不可能再有新的摆放方式了。物体 A 和物体 B 有两种摆放方式：

AB 和 BA。那么，A、B、C 这三个物体的摆放方式就有 $2\times3=6$ 种。具体的摆放位置，我们可以来看看图 26：

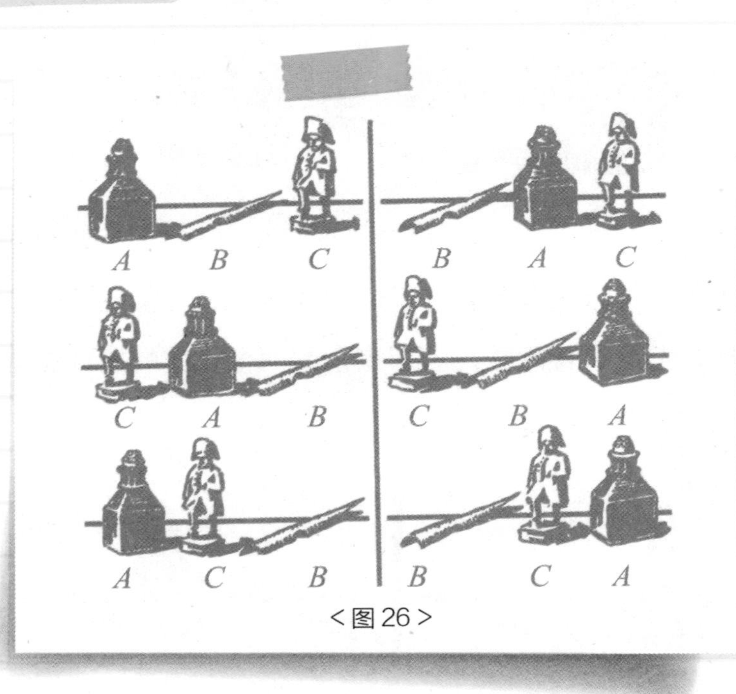

<图 26>

现在，如果有 4 个物体，我们又该怎么摆放呢？我们使用的方式和之前一样。我们先假设这 4 个物体分别是 A、B、C、D，然后把 D 排除在外，暂不考虑。这时，我们只需要推算出 A、B、C 这 3 个物体的摆放方式就好了。前面我们已经算过了，这 3 个物体有 6 种摆放方式。接下来，我们要做的就是将物体 D 插到这 6 种摆放方式中。

显然，有4种摆法：①将物体D放在每排之尾；②将物体D放在每排之前；③将物体D放在物体A和物体B之间；④将物体D放在物体B和物体C之间。

现在，我们就可以知道，这4个物体的摆放方式有$6 \times 4 = 24$种。

因为6等于2和3的乘积，2等于1和2的乘积，所以上述结果我们就可以改用以下这种乘法方式来表达：

$$1 \times 2 \times 3 \times 4 = 24$$

按照这样的算法，如果我们要摆放的物体有5个，我们也可以很轻松地算出摆放的方式有$1 \times 2 \times 3 \times 4 \times 5 = 120$种。

那6个物体的摆放方式呢？自然就是$1 \times 2 \times 3 \times 4 \times 5 \times 6 = 720$种了。

你可以再试着往下推算。是不是发现规律了？

现在，我们回到前文说的10个中学生更换座位的问题。你应该能算出来了吧：

$$1 \times 2 \times 3 \times 4 \times 5 \times 6 \times 7 \times 8 \times 9 \times 10 = 3628800$$

看吧，我们的结果和前面说的3628800种对上了。

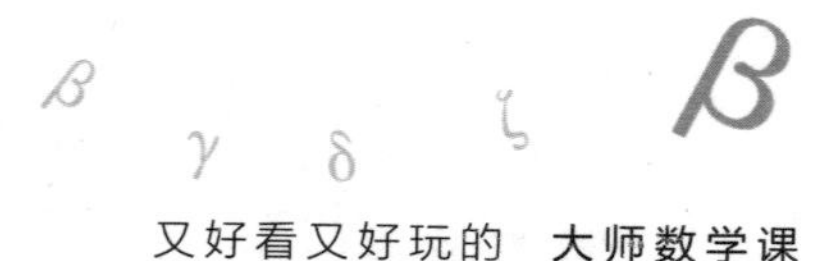

・3・

我们再做一个假设：在那10个中学生中有5个是女生，她们希望坐的时候能和5个男生交替着来（图27）。这样的话，就座的方式就会大大减少，只是在算法上要麻烦一些。

首先，我们假设有1个男生随机坐下了，那么还剩4个男生。这4个男生每两个之间，都要空出一个位子给女生坐，那么，他们就座的方式就有 $1 \times 2 \times 3 \times 4 = 24$ 种。现场一共有10个座位，所以，最先坐下来的那个男生就有10种就座方式。这样一来，我们就可以算出这5个男生的就座方式有 $10 \times 24 = 240$ 种。

男生的算完了，那女生的呢？女生的不难算，因为男

<图27>

<图 28>

生坐好后，只剩下 5 个位子了。所以女生的就座方式就有 $1\times2\times3\times4\times5=120$ 种。最后，我们只需要将男生可能的 240 种就座方式和女生可能的 120 种就座方式相乘，就得到了 10 个中学生的就座方式：28800 种。

相比之前的 3628800 种，现在这个 28800 种明显要少很多了吧？不过，即使按照这种方式用餐，想吃到这顿免费午餐，他们也还得等大约 79 年。假如这些中学生可以活到 100 岁，他们还是有机会吃到这顿免费午餐的。只是到那个时候，承诺送他们免费午餐的服务员还能不能再来招待他们，这就不得而知了（图 28）。

概率的问题

中午，大家围坐在休养所的食堂里吃饭时，不知道是谁引出了如何计算概率的问题。一位年轻的数学家掏出一枚硬币，随手往桌子上一扔，说："我刚刚这样扔硬币，你们说，当硬币倒下时，徽章朝上的概率是多少？"

"什么是概率呢？"其中一个人开口道。

"哦，这不难解释。硬币在桌子上倒下时，只可能呈现出徽章朝上或朝下这两种情况（如图 29）。但只能有一种情况是和我们所期待的情况相吻合的。这样一来，我们可以得到一个比例关系：$\frac{我们期待出现的情况数量}{所有可能出现的情况数量}=\frac{1}{2}$。那么，当硬币倒下时，徽章朝上的概率就是 $\frac{1}{2}$。"

这时，又有一个人说："你说的这个太简单了，有没有比较复杂的情况？比如说色子？"

"好啊，那我们就来说说色子。"数学家点点头说道，"看，我这儿正好有一个。色子是 6 个面上有不同点数的小正方体（如图 30）。我这样随手把它丢出去，当它落下

<图 29>　<图 30>

来时，某个面朝上——就比如是 6 个点的那面朝上吧，概率是多少呢？众所周知，一个正方体在落地的时候，它的任何一面都有朝上的可能。也就是说，所有可能出现的情况数量为 6。在这 6 种可能的情况中，只有一种，即点数为 6 的那面朝上与我们要求的情况相吻合。所以，用 1 除以 6 的结果就是它的概率，即 $\frac{1}{6}$。”

一位女士觉得概率问题很有意思，便说道：“任何情况都能算概率吗？如果我说下一个经过食堂窗口的人是男人，我猜对的概率是多少？”

“那自然就是 $\frac{1}{2}$ 的概率了。”数学家笑着说，“毕竟，世界上除了男人就是女人了。”

又有人提问了：“如果我说前两个经过的都是男人，

这个概率又该怎么算呢？”

“这种情况要复杂一些。”数学家说，“首先，我们可以罗列出所有可能的情况。第一种情况：经过的两个人都是男人；第二种情况：先经过的是男人，后经过的是女人；第三种情况：先经过的是女人，后经过的是男人；第四种情况：经过的两个人都是女人。看吧，只有这4种情况。你说的情况只是其中的一种，所以概率就是$\frac{1}{4}$。”

“哦，我有些明白了。”那个人又说，“我再问个问题，如果前面三个经过的都是男人，这个概率又该怎么算？”

“这样，”数学家说，“我们第一步要做的，还是统计所有可能出现的情况。刚刚我们算过了，前两个经过的都是男人的情况有4种。现在又加了一个人，这个人或许是个男人，也或许是个女人。这么一来，可能出现的情况数量就得翻一番，也就变成了$4\times2=8$种。那你要算的概率自然就是$\frac{1}{8}$了。我们来看看啊：刚刚在计算前两个经过的都是男人时，概率是$\frac{1}{2}\times$

$\frac{1}{2}=\frac{1}{4}$；在计算前面三个经过的都是男人时，概率是$\frac{1}{2}\times\frac{1}{2}\times\frac{1}{2}=\frac{1}{8}$。发现秘密了吧？如果这时候，我们想计算前面四个经过的都是男人的概率，那结果就是$\frac{1}{2}\times\frac{1}{2}\times\frac{1}{2}\times\frac{1}{2}$。看吧，概率越来越低了。”

有人继续发问：“那要是我说前面10个经过的都是男人，这个概率是多少呢？”

数学家说：“想计算这个概率，那我们只要算算10个$\frac{1}{2}$连续相乘的结果就好了。答案是比$\frac{1}{1000}$还小的$\frac{1}{1024}$。我敢保证，现在这种情况是绝对不可能出现的。”

“我不这么认为。”又有一个人说，“别说10个，就算是100个经过的都是男人，我觉得现在也有可能。”

“100个经过的都是男人？”数学家说，“你知道这个概率是多少吗？”

“怎么？比一百万分之一还小吗？”

“20个经过的都是男人的概率差不多是一百万分之一，100个的话我得在纸上算算……十亿分……一万亿分……一千亿分……天啊，差不多是1除以……10后面得

加 30 个 0。”

“就这些？”那个人平静地说道。

“你居然不觉得惊讶？”数学家说，“这个数比你在一个大洋中找出最小的那滴水的概率还要小。”

“确实是一个挺让人惊讶的数。”那人说，“但我还是坚持它可以实现。”

“你的坚持是错的！这个概率太小了，完全不可能实现！”数学家激动了。

这时，在一旁默默听了许久的一位老人开口对数学家说：“别这么激动，年轻人。你有没有考虑过这样一个问题：概率计算并不能应用于所有事件！概率计算有一个前提，那就是所有的机会都是均等的。就像你举的例子，男女出现的概率是相等的。但是现在……”老人顿了顿，“听到军乐了吗？你往窗外看看，你就明白你错在哪儿了！”

“这关军乐什么事？”数学家随口道。忽然，他像是反应过来，飞快地从座位上站起来，冲到窗前，探头向外看去。“看来我是错了！”数学家喃喃道。

一分钟后，大家搞清楚了事情的原委：有一个营的士兵正好从窗前经过！

邂逅"数字巨人"

你知道吗？想要邂逅"数字巨人"△1，你不需要刻意地寻找，只要有一双善于发现的眼睛就好了。因为"数字巨人"存在于我们生活的方方面面，甚至就在我们的身体中。抬头仰望的苍穹、低头所见的沙子、周遭流动的空气、流淌在身体里的血液、吃掉的东西……从这些与我们息息相关的事物中，我们来揭揭"数字巨人"的神秘面纱吧！

说起与天空有关的"数字巨人"，大家应该不算陌生。像宇宙中星星的总数，宇宙中各天体和地球之间的距离及它们彼此间的距离，宇宙各天体的大小、体积及年龄……这些问题我们经常会看到、听到，因此总免不了要和"数字巨人"打交道。

只是，有个问题我要问问你："你有没有注意过那些'小'的天体呢？"说是"小"，但要是用我们的度量衡去衡

> △1 文中提到的"数字巨人"指的是一些天文数字。
>
> ——译者注

量，我们也会在它们身上发现“数字巨人”。比如太阳系中的一些小行星，只因它们的体积完全没办法和天文学家眼中的大天体相比，就被冠上了“小”的名号。还有一些行星，直径都有几千米了，但在天文学家看来，它们不过是“微小”的星星。但你要清楚一点，它们的“小”只是相对于天文学家眼中的大天体而言的，要是按照我们普通人的标准，它们就称不上“小”了。

我们来举个例子吧！有一颗“微小行星”，直径为 3000 米。我们可以根据几何学的原理计算出它的表面积：大约 28000000 平方米（28 平方千米）。[1] 你想知道 28000000 平方米有多大吗？这么说吧，面积为 1 平方米的地方大约能容纳 7 个人，那么，这颗“微小行星”所容纳的人数可达 196000000 个。这哪里还算“微小”啊？

我们脚下的沙子里也藏着一个“数字巨人”的世界！

1 这里的“微小行星”可算作一个球体。球体的表面积计算公式为：$S=4\pi r^2$。也就是说，这个“微小行星”的表面积为 $4\times3.14\times(\frac{3000}{2})^2\approx$ 28000000 平方米。

——译者注

难怪自古人们觉得某种东西太多，就会形容它“像海边的沙子一样数不清”呢。可见，古人也意识到沙子的庞大数量了。只是，古人认为海边沙子的数量基本等同于天上的星星，这简直完全低估了沙子。古时候没有望远镜，人们只能凭借肉眼来看星空，这样不过只能看到头顶上的半个天空，看到的星星数有 3000 多颗。这个数同海边的沙子数相比，得小了好几百万倍呢。

还有一个庞大的“数字巨人”正藏在我们的空气里。你知道每立方厘米的空气中包含着多少个被称作“分子”的最小的微粒吗？大约 27000000000000000000 个！怎么样？这个数是不是震惊到你了？假如世界上有这么多人，你想我们的地球还能承受得住吗？

我们地球的表面积（含陆地和海洋）取整数来算，大约有 5 亿平方千米，即 500000000000000 平方米。我们将这个数和每立方厘米空气中的分子数比比看：

$$27000000000000000000 \div 500000000000000 = 54000$$

54000，你知道这是个什么概念吗？也就是说，假设地球上有 27000000000000000000 个人，那么，每平方米的地球表面就得容纳 5 万多人！真这样的话，哪里还有我

们的立身之地哟！

再来说说藏匿在我们身体中的"数字巨人"。就以我们人体内的血液来举例吧！你如果用显微镜去观察人的一滴血，就会发现这滴血中有大量红色的、极其微小的细胞。这些小细胞被称作"红细胞"，它们令我们的血液更有色彩和活力。

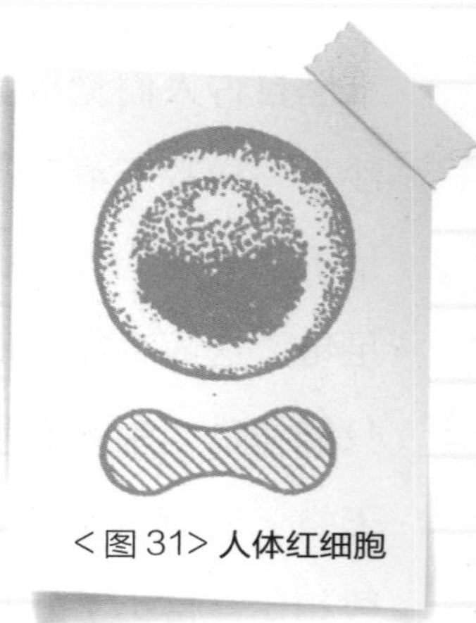
<图 31> 人体红细胞

从侧面看，红细胞的样子和中间略凹的小枕头有点儿像（图 31）。人体血液中的红细胞大小几乎相等：直径约 0.007 毫米，厚度约 0.002 毫米。这两个数值一看就小得可怜吧？可是，红细胞的数量大得惊人。一般来说，每立方毫米血液中的红细胞的数量大约为 500 万个。[1] 那么，人体里一共有多少个红细胞呢？

> 1 一般来讲，正常成年男子红细胞的数量为 400 万 ~550 万个 / 立方毫米，女子为 350 万 ~500 万个 / 立方毫米。为便于讲解和计算，作者在撰文时习惯采取整数。
>
> ——译者注

我们人体内的血液量（以升来计）

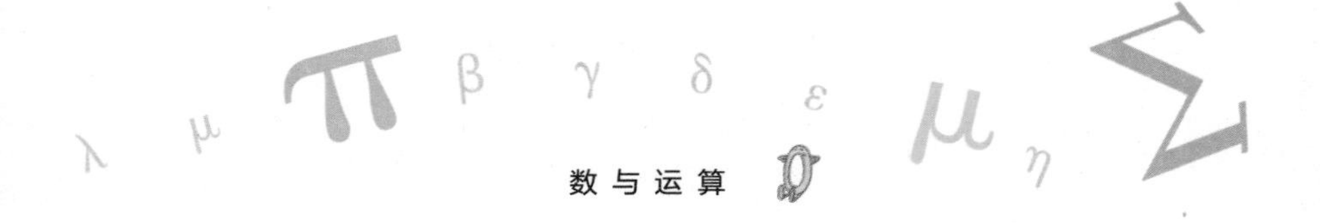

和体重（以千克来计）有一个比值，大约是$\frac{1}{14}$。比方说，你的体重是 40 千克，那么你身体里的血液量大约为 3 升，即 3000000 立方毫米。刚刚说，每立方毫米血液中的红细胞的数量大约为 500 万个，那么，你身体里的红细胞总数量大约为 $5000000 \times 3000000 = 15000000000000$ 个。

15000000000000 是多少？ 15 万亿！想不到吧？你的身体里竟然有 15 万亿个红细胞！如果我们将这 15 万亿个红细胞排成一列，能排出约 105000 千米长的队伍。也就是说，如果将你身体里的红细胞穿成一条链子，长度能达十几万千米。这么长的距离都可以沿着赤道绕地球 $105000 \div 40000 \approx 2.6$ 圈了！如果是一个成年人，他的体重比你重，他身体里的红细胞要是穿成链子，那估计能绕着地球走三四圈了！

这里，我想再说一下红细胞的运输能力对我们身体的重要性：为我们的整个身体提供氧。血液在经过肺部的时候，血液中的红细胞就会获取氧，然后以流动的方式将氧带到我们身体的其他组织，并把氧释放出去。这些小家伙尽职尽责地工作着，因为血液只能通过红细胞表面获取和释放氧，所以它们的血量越大，细胞表面积就越大，输送

氧的能力就越强。据统计，我们人体内的红细胞表面积的总和大约是 1200 平方米，这个面积大概和一个长 40 米、宽 30 米的菜园子相当，比我们人体的表面积可大多了。现在，你是不是能想象出红细胞有多厉害了？

最后，我们再来简单说说吃掉的东西。假设一个人能活 70 岁，你知道这个人一生要消耗掉多少水、面包、肉、鱼、土豆及其他蔬菜、鸡蛋、牛奶等东西呢？我保证，你又要碰到一位“数字巨人”了。我们举个形象点的例子，如果我们想要运送这些东西，需要多大的车？整整一列火车（图 32）！总重快赶上我们身体的几千倍了！一个人的身体竟能对付如此一位“数字巨人”，是不是让你很吃惊呢？

<图 32> 人一生所需的食物

代数的语言

代数的语言之一就是方程。牛顿曾在其《普遍算术》一书中写道："假设有一个问题，其数量存在着抽象关系，此时只要将普通的语言翻译为代数的语言，答案自然就出来了。"那么，如何将普通的语言翻译为代数的语言呢？针对这个问题，牛顿也举了一些例子，其中一个如下：

普通的语言	代数的语言
某人原有一笔钱	x
第一年，他花去 100 英镑	$x-100$
他补入剩余钱数的三分之一	$(x-100)+\frac{x-100}{3}=\frac{4x-400}{3}$
第二年，他又花去 100 英镑	$\frac{4x-400}{3}-100=\frac{4x-700}{3}$
他又补入剩余钱数的三分之一	$\frac{4x-700}{3}+\frac{4x-700}{9}=\frac{16x-2800}{9}$
第三年，他又花去 100 英镑	$\frac{16x-2800}{9}-100=\frac{16x-3700}{9}$
他又补入剩余钱数的三分之一	$\frac{16x-3700}{9}+\frac{16x-3700}{27}=\frac{64x-14800}{27}$

续表

普通的语言	代数的语言
现在，他手里的钱数是原来的 2 倍	$\frac{64x-14800}{27}=2x$

只要解一下$\frac{64x-14800}{27}=2x$这个方程，我们就能知道这个人原来有多少钱了。

一般情况下，解方程算不上一件难事，难的是如何根据已知条件来列方程。看了上面的例子，你是不是心里有数了：列方程的诀窍原来就是将普通的语言“翻译”成代数的语言的过程啊！只是，代数的语言简洁而严谨，有时“翻译”起来并没有那么简单，这就需要我们多多理解了。

最后，再来看一个例子，来感受一下代数的语言吧！

古希腊有个著名的数学家，名叫丢番图。对于他的生平事迹，人们知之甚少。我们所知道的，也只是源于他墓碑上的碑文中的信息。丢番图墓碑上的碑文完全就是一道数学题，我们可以用代数的语言

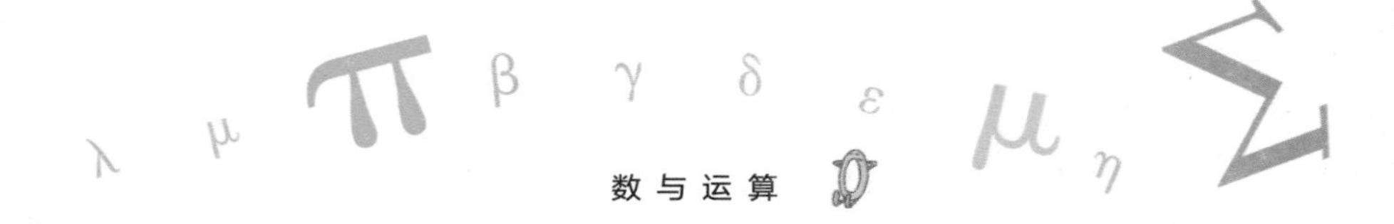

来“翻译”一下：

普通的语言	代数的语言
过路的人啊，请看看吧！这里埋葬的人是丢番图。读读下面的文字，你可以知道他活了多久	x
他幸福的童年，占据了生命的六分之一	$\frac{x}{6}$
又度过了他生命的十二分之一，他的脸上长出了细细的胡须	$\frac{x}{12}$
他结婚了，只是没有孩子，这样又过了他生命的七分之一	$\frac{x}{7}$
过了 5 年，他有了一个儿子，成了一位父亲	5
但儿子的命运是不幸的，他在这个世界上待的日子只有他父亲生命的一半	$\frac{x}{2}$
丧子的丢番图悲痛欲绝，只过了 4 年，他便离开了这个世界	4
请你说说看，丢番图究竟活了多少岁呢	$x=\frac{x}{6}+\frac{x}{12}+\frac{x}{7}+5+\frac{x}{2}+4$

试着解这个方程，就会得出 $x=84$。同时，我们便可以知道丢番图的一些信息：他在 21 岁的时候步入婚姻的殿堂，38 时成了一名父亲，80 岁时与儿子天人永隔，84 岁时与世长辞。

代数的语言是不是很有意思啊？

牛吃草的问题

在阐述一些理论的时候，牛顿总会再列举一些实例加以说明，正如他在其著作《普遍算术》中所说："在学习科学的时候，题目比规则更有用。"他举的实例中有一道很经典的题目——牛在牧场上吃草，就成了下列这类题目的老祖宗。

"这里有一个牧场（图 33），牧场上所有草的茂密度和生长速度都是相同的。现在有 70 头牛在这个牧场里吃草，如果将所有的草都吃完，则需要 24 天。但如果是 30 头牛

<图 33>

来吃，将所有的草都吃完的天数则为 60 天。提问：牧场上要有多少头牛才能在 96 天里吃完所有的草？”

这是一位家庭教师给他的学生布置的作业。这名学生的两个亲戚也帮着一起做，但花了好长时间都没有做出来，他们有些丈二和尚——摸不着头脑。

“太奇怪了！”其中一个亲戚说，“70 头牛要花 24 天吃完草，那想 96 天吃完草，牛的数量自然就是 70 的 $\frac{1}{4}$（$\frac{24}{96}$）—— $17\frac{1}{2}$啦。但这肯定是有问题的。再看另一个条件：30 头牛要 60 天吃完草。那想 96 天吃完草，牛的数量就变成了 $30\times\frac{60}{96}=18\frac{3}{4}$ 头。显然，结果都对不上了。而且，70 头牛要 24 天才能吃完草的话，30 头牛难道不是需要 56 天就可以了吗？可题目中说需要 60 天。”

“你是不是忘了一个隐藏的条件？”另一个亲戚说道，“草并没有停止生长。”

没错，这的确是一个很关键的提醒：草并没有停止生长。如果抛开了这一点，你不仅解答不了题目，还会发现题目中的已知条件都互相矛盾了。

那么，这道题应当如何解呢？

要想解出这道题，我们不妨先考虑设一个辅助的未知数，以表示每天长出的草与牧场总草量的比值。假设每天长出来的草的数量是 y，那么，24 天内长出来的草的数量就是 $24y$。再假设这片牧场上草的总量为 1，那么，70 头牛在 24 天内吃到的草的总量就是 $1 + 24y$。如此一来，我们就能知道这 70 头牛每天吃掉的草的量就是：

$$\frac{1+24y}{24}$$

那么，一头牛每天吃掉的草的量就是：

$$\frac{1+24y}{24} \div 70 = \frac{1+24y}{24 \times 70}$$

再来看另一个已知条件：30 头牛来吃，将所有的草都吃完的天数则为 60 天。按照同样的思路来计算，这时一头牛每天吃掉的草的量就是：

$$\frac{1+60y}{60 \times 30}$$

不管是 70 头牛来吃，还是 30 头牛来吃，每头牛每天

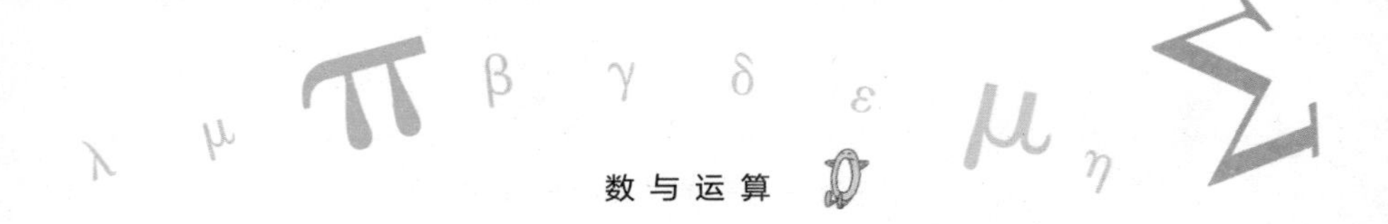

吃的草的量应该是一样的。于是，我们便可以得到这样一个方程：

$$\frac{1+24y}{24\times70}=\frac{1+60y}{60\times30}$$

解方程后，我们就可以得到：

$$y=\frac{1}{480}$$

现在，我们完全清楚了：牧场上每天长出来的草，占总草量的$\frac{1}{480}$。根据它，我们就可以计算出每头牛一天吃掉的草与原来的草量的比值：

$$\frac{1+24y}{24\times70}=\frac{1+24\times\frac{1}{480}}{24\times70}=\frac{1}{1600}$$

现在，我们再来列个方程。假设 96 天就吃完草的牛的数量为 x，那么，可列：

$$\frac{1+96\times\frac{1}{480}}{96x}=\frac{1}{1600}$$

解方程后，我们就得到了 $x = 20$。

现在，我们就能回答题目中的问题了：牧场上要有 20 头牛才能在 96 天里吃完所有的草。

猜数有技巧

朋友们，你们有没有玩过猜数的游戏呢？在这个游戏里，出题人一般会让你先在心里默想一个数，然后再让你进行一些运算，如给这个数加上 2，乘以 3，减去 5，再减去你刚想的这个数……通常情况下，在你进行了五步或十步的运算后，出题人就会问你结果是多少。紧接着，他就会很痛快地说出你心里默想着的那个数是几。

这个游戏看上去奇妙无比，但归根结底，它也只是方程的运用罢了。

我们先来看一个例子。如果出题人让你按照表 1 左栏中所列的方式进行计算。当你照做并告诉出题人最后的结果时，出题人会不假思索地说出你刚刚想的数。想知道他是怎么做到的吗？只要看一下表 1 的右栏，你定会恍

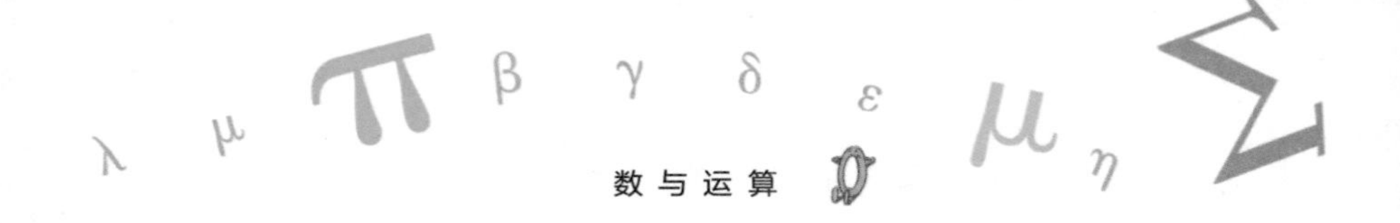

然大悟：原来出题人将你进行的一系列运算翻译成了代数的语言。假如你先在心里默想的那个数是 x，一番操作后结果就变成了 $4x+1$。如此一来，猜你心里想的那个数就简单多了。

表 1

先在心里默想一个数	x
给这个数加上 2	$x+2$
结果乘以 3	$3x+6$
结果减去 5	$3x+1$
减去你刚刚默想的那个数	$2x+1$
结果乘以 2	$4x+2$
结果减去 1	$4x+1$

如果你告诉出题人最后的结果是 33。那出题人心里立马出现一个方程：$4x+1=33$，解得 $x=8$。那你心里想的数自然就是 8 了。如果结果是 25，出题人就会心算 $4x+1=25$，最后他会揭晓答案：你心里想的数是 6。

看出来了吧？这个游戏其实很简单。了解了游戏的窍门，你就可以和自己的小伙伴来玩这个游戏了。你甚至还可以变些花样来增加难度：让你的小伙伴自己选择要如何进行运算。这样当公布最终的结果后，你保证能让你的小伙伴“目瞪口呆”。

1 最好别让他用除法，因为这样会让这个游戏变得很复杂。

比如，你让你的小伙伴先默默地想一个数，然后随意进行一些运算：加上或减去一个数，乘以一个数[1]，加上或减去一开始想的那个数……为了把你绕晕，你的小伙伴应该会说出很多步运算。我们再来举个例子吧！假设你的小伙伴先在心里想好了一个数：5（当然你是不可能知道的），然后他就要进行运算了。他有可能会这样说：

“我现在已经想好一个数了，把它乘以 2，再加上 3，再加上我刚刚想好的这个数本身；然后，我再加上 1，再乘以 2，再减去我刚刚想好的这个数本身，再减去 3，再减去我刚刚想好的这个数本身，再减去 2。最后，我把上述运算的结果乘以 2，加上 3。”

他可能觉得刚刚这番运算一定把你绕晕了，所以会得意地告诉你结果是 49，并问你他想好的那个数是几。

“你想的数是 5。”当你轻描淡写地将答案说出来时，你的小伙伴一定会觉得很惊讶的。

看看我们前文所说的，你是不是想到过程了？当你的小伙伴告诉你他想好一个数时，你在心里就已经将这个数设为 x；当他说“把它乘以 2”时，你在心里也列出一个运算——$2x$；当他说“再加上 3”时，你同时想到现在这个数是 $2x+3$……就这样，随着他的描述，你时刻调整方程，当他以为你已经被他绕晕了的时候，你早已根据计算得出了正确的答案。

现在，我将整个过程做成了表 2。你来看看吧——左栏是你的小伙伴所说的话，右栏是你在心里列的方程：

表 2

我现在已经想好一个数了	x
把它乘以 2	$2x$
再加上 3	$2x+3$
再加上我刚刚想好的这个数本身	$3x+3$
然后，我再加上 1	$3x+4$
再乘以 2	$6x+8$
再减去我刚刚想好的这个数本身	$5x+8$
再减去 3	$5x+5$
再减去我刚刚想好的这个数本身	$4x+5$
再减去 2	$4x+3$
最后，我把上述运算的结果乘以 2	$8x+6$
加上 3	$8x+9$

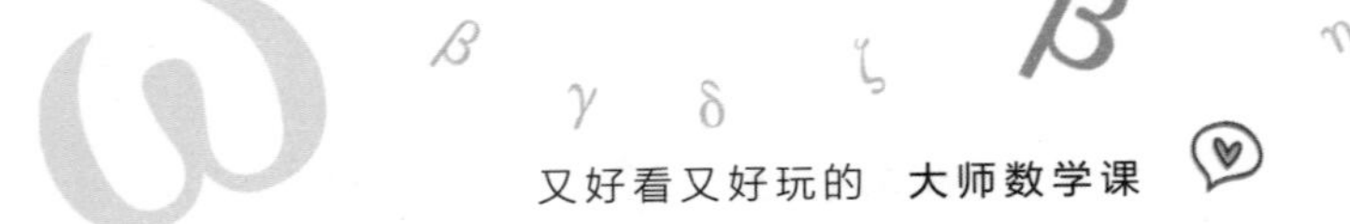

当你的小伙伴得意地告诉你最后的结果是49时，你已然开始解方程了：$8x + 9 = 49$。这个方程不难解，对不对？因此你就能轻松地公布结果了。

和前面的游戏相比，这个游戏是不是更有意思一些？所有的运算过程都是你的小伙伴自己说的，你事先也不知道。从表面上来看，你完全没有机会“操控”这个游戏。

当然，这个游戏也有“翻车”的时候。比如，在经过很多步运算后，你得到了 $x + 14$ 这个算式。紧接着，你的小伙伴就说：“……现在，再减去我刚刚想好的这个数本身，最后的结果是14。”这时，跟着计算的你就为难了，因为 $(x + 14) - x = 14$，你完全没有了未知数 x，只剩14这个数，你显然无法进行下去了，要怎么办呢？我得提醒你，在做这个游戏的时候，你必须时刻保持“警惕”，计算的速度也要快一些。一旦遇到这种情况，你就得当机立断，趁他还没说出最后的结果时先开口：“请等一下。

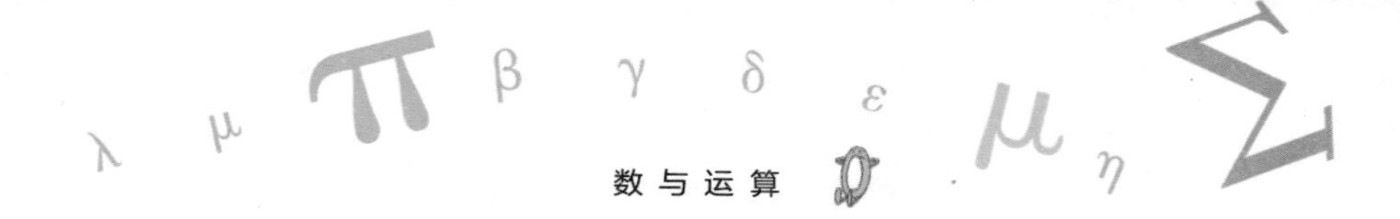

现在让我预测一下，你的结果是 14！”当你说出这个结果时，你的小伙伴一定会惊掉下巴——因为他既没有告诉你一开始的数，也没有告诉你最后的结果啊！这样，虽然你最后没有猜出他心里面的数，但你的表现也足够惊艳了。

针对这个问题，我们再来看个例子，如表 3。同样地，左栏是你的小伙伴说的话，右栏是你心里想的。

表 3

我现在已经想好一个数了	x
给它加上 2	$x+2$
结果再乘以 2	$2x+4$
再加上 3	$2x+7$
然后，再减去我刚刚想好的这个数本身	$x+7$
再加上 5	$x+12$
再减去我刚刚想好的这个数本身	12

一旦你心里算出结果为“12”时，你要第一时间反应过来：式子中已经没有了未知数，必须打断小伙伴的话。然后你先发制人，告诉他结果是 12。

快来练练吧！练熟后，你就可以和你的小伙伴一起玩这个有趣的游戏了。

猜对的秘密

现在，我们再来玩一个猜数的游戏。你来选数字，我来猜。

这里，我想先明确两个概念——“数”和“数字”。数是有无数多个的，而数字只有 10 个（0~9），希望大家不要搞混了。好了，游戏开始！请你先在心里想一个数字，记好自己想的是几。下面，你就按照我说的这个步骤进行吧：

首先，给你选定的这个数字乘以 5。请注意，计算的时候不要出错，否则我们的游戏就无法进行了。算好了吗？我们要继续了。现在，你给刚刚算出的结果乘以 2，之后再加上 7。这会儿，我敢保证你得到的结果是个两位数。

接着，请你将这个两位数的十位

上的数字去除掉。最后，我们给余下的这个数字加上 4，得数再减去 3，加上 9。

按照我说的，你都完成了吧？好，暂时这样，我来公布下最后的结果：计算之后你现在的得数是 17。

我猜对了，是不是？

你是不是觉得很不可思议，还想再玩一次呢？没问题，游戏再次开始。

选好数字了吧？现在，我们再换一个计算的步骤：

给这个数字乘以 3，算出得数后再乘以 3，之后加上你刚刚选好的数字。算完了吗？最后再给得数加上 5。这时，你还会得到一个两位数。

接下来，和前一个游戏一样，请你将这个两位数十位上的数字去除掉。之后，你再给剩下的那个数字加上 7，再减去 3，再加上 6。

让我猜一猜，你现在得到的结果是多少呢？ 15！

我又猜对了，是吧？如果你这会儿手里的结果和我说的不一样，那我敢说，肯定是你有哪一步计算错了，你得好好检查检查。

怎么，不服气吗？那我们再来挑战一次吧！

还是先选一个数字。现在，给这个数字乘以2，然后再乘以2，再乘以2。得出结果了吧？给结果加上你刚刚先选好的数字，再加一次你先选好的数字，然后再加8。之后还是同样的操作：请你将结果的这个两位数十位上的数字去除掉。接下来，给余下的数字减去3，再加7。

现在我敢保证，你最后的结果是12。

关于这个猜数游戏，我是很自信的。不管怎么猜，我都能猜对。你想知道我是怎么做到的吗？

我得先说明一点，这个好玩的游戏是我在写作前的那段时间发现的。也就是说，在你还没挑好数字之前，结果就已经在我的大脑中了。那么，这背后的秘密究竟是什么呢？

实际上，如果能仔细研究一下我让你进行计算的过程，你是有可能发现问题的玄机的。下面，我们先来看看第一道题目。

我是怎么说的——给你选定的数字乘以5，再乘以2。你看，这是不是就相当于给你选定的数字乘以10了？你们应该很清楚数字的一个特性吧：无论哪个数字，只要与10相乘，所得的结果个位上一定是0。是不是有些明白了？

之后，我让你给上述结果加了7。这时，你得到的这个两位数的个位上的数字就可以确定了——7。虽然我还不确定这个数的十位数是多少，但并没什么影响，因为我紧接着就让你将十位上的数字去掉了，所以你现在所得的数自然就是7了。按道理来讲，我可以直接说出这个结果。可是，这样就太容易暴露我的秘密了，所以我便又让你做了“加上4，得数再减去3，加上9”的运算。与此同时，我也没闲着，默默地在心里跟着算，最终得出“17”这一结果。

看到了吧？无论你一开始选的是哪个数字，最后的结果都在我手心里捏着——就是17。

接着，我们再来看看第二道题目。

在这个游戏中，我巧妙地换了一种方式。根据我对上一道题的解释，你是不是已经大概知道我采取的方式了？我让你给选好的数字乘以3，算出得数后再乘以3，之后再加上你刚刚选好的数字，这

其实就和你用选好的数字乘以 10 是一样的，因为 $3\times3+1=10$。这样得到的两位数，个位上还是 0。之后的计算过程就和第一题一样了：给个位为 0 的两位数加上一个数字，引导你去掉我不知道的十位数，然后再让你们在一个我已知的数上做干扰类的运算。

最后，我们来看看第三道题。

关于这道题，基本的思路和上面的两道题可谓是万变不离其宗。我让你给选定的数字乘以 2，然后再乘以 2，再乘以 2，给结果连续两次加上你刚刚先选好的那个数字。发现了吧？因为 $2\times2\times2+1+1=10$，所以，你得到的结果和你将选好的数字乘以 10 的结果相同。再之后进行的运算，不过都是迷惑你的行为罢了！

听完我总能猜对的秘密，你是不是恍然大悟了？现在，你也可以化身小小魔术师和你的小伙伴们（当然仅限于还没有读过这本书的小伙伴们）玩玩这个游戏了。也许，你还可以试着发散思维，自创一些新的计算方法，好让这个游戏更有趣。去试试吧，相信你是有这个能力的！

左手、右手猜猜猜

请你准备好一枚2戈比的硬币和一枚3戈比的硬币。准备好了吗？现在，一手分别握一个。当然，你要悄悄地，不能让我知道你的哪只手里有哪枚硬币。接下来，如果你按照我的要求去做，你会很神奇地发现，我可以准确地说出你的哪只手里有哪枚硬币。

不过，在我说出来之前，你还需要配合我一下：给你右手握着的硬币数值乘以3，给你左手握着的硬币数值乘以2，然后将所得的两个乘积相加，最后告诉我结果是奇数还是偶数。只要知道了奇数还是偶数，我就能很痛快地说出你两只手中分别拿的是哪一枚硬币了。

我们不妨来举个例子说明一下。

倘若你的右手握着的是2戈比的硬币，左手握着的是

3 戈比的硬币，那按照我的要求，你会得到一个算式：

$$2\times3+3\times2=12$$

计算值为偶数。

这时，我就会脱口而出："你的右手里握着 2 戈比的硬币，左手里握着 3 戈比的硬币。"

你是不是想知道我是怎么做到的？

在分析这个问题的时候，你需要先了解数的特性：2 与任何一个数相乘，所得的结果必为偶数；3 与偶数相乘结果必为偶数，与奇数相乘结果必为奇数。至于加法，一个偶数加一个偶数，结果必为偶数；一个奇数加一个奇数，结果仍是偶数；一个偶数加一个奇数，结果才是奇数。你可以选取任何数来对这个特征进行验证，你就知道我所言不虚了。

知道了上述特征，我们就可以在题目中应用了。要想使两手乘积相加的最终结果是偶数，那就需要 3 戈比的数值与 2 相乘。这样一来，3 戈比的硬币便只能在左手中。

倘若3戈比的硬币握在了右手中，那么，3戈比乘以3得到的是奇数，2戈比乘以2得到的是偶数，最终的和自然就是奇数了。所以，知道结果的奇偶数，实际上也是在通过运算的方式来分析左右手的硬币值。

明白了这个道理，你就可以进行这个神奇的表演了。你甚至还可以拓展一些其他硬币的玩法，比如2戈比和5戈比，10戈比和15戈比，20戈比和15戈比……当然啦，这个时候你要乘以的数可以是任意的一对：10和5，5和2，等等。

或许，还有些人会疑惑，只能用硬币来进行表演吗？有没有其他的道具也适用呢？当然有了。任何能形象化呈现的物品都可以，比如火柴。不过这时，身为魔术师的你应该这样和大家说：

“现在，请大家准备好7根火柴，随便一只手里握2根，另一只手里握5根。接下来，请给右手握着的火柴数乘以2，给左手握着的火柴数乘以5，最后将这两个乘积相加……”

没有尺子怎么办

我们不可能永远随身带着尺子之类的测量工具。因此，当身边没有工具可用，而我们又需要测量的时候，我们就可以用一些别的方法来进行粗略估算。

要测量稍远一点的距离（比如出去游玩时），最简单实用的方法就是用脚步丈量。这时候，你只需要知道自己的平均步伐有多大，并且会数步子就行了。也许你会说，步伐大小并不总是完全相同的，我们既可以小步走，也可以大踏步前进。不过，通常情况下，每个人平时走路的步伐大小还是近似相等的，因此用数步子的方法来丈量较远的距离，误差并不会特别大。

当然，用脚步丈量前，你得先弄清楚自己的平均步伐到底有多大。平均步伐怎么算呢？那得先测出许多步的总长度，然后再算平均值。这时候，你就得借助测量带或测量绳了。

找一个平坦的路面，将测量带或测量绳放在路面上拉直，画出一条 20 米长的直线，然后就可以把工具收起来了。接着，你以最自然的方式走过这段距离（当然是沿着直线走），数一数总共走了多少步。也许，从起点到终点的这段距离里你所用的步数不是整数，那么就看最后一步了：超过半步就按一步计算，不足半步的则直接舍去。用 20 米长除以你的总步数，就能算出你的平均步伐的大小。[1] 现在，你需要牢牢记住这个数据，以便将来测量的时候直接使用。

如果你要测的距离较长，那么你需要走的步数也会很多。为了避免在计数时出现混乱，你可以这样计数：以 10 为基本单位数步子，每当数到 10 的时候，弯曲一根左手手指；当左手所有手指都弯曲的时候，也就是走了 50 步的时候，再弯曲 1 根右手手指，这样你可以用右手数到 250；然后，

1 为了使这一数值更加精确，你还可以进行多次试验，求出最后结果的平均值。
——译者注

你再重新开始数，同时要注意记下你右手手指全部弯曲的次数。

比如，你走过某段距离后，右手手指全部弯曲的情况共有 2 次，到终点时你的左手弯曲了 4 个指头，右手弯曲了 3 个指头，那么你走过的步数是：

$$250\times2+10\times4+50\times3=690$$

这个结果还得加上你的左手手指最后一次弯曲后走过的不满 10 的几步。

在此，顺便给出这样一个古老的规律：一个成年人的平均步伐大小等于他的眼睛到地面距离的一半。

实际上，还有一个关于步行速度的古老规律：一个人 3 秒能走多少步，那他 1 小时就能走多少千米。当然，这个规律只适用于步长固定的情况，且步子还得大一些。我们假设一个人的步长为 x 米，那么，他 3 秒的步数就是 n，3 秒走的距离就是 nx 米。这样的话，他 1 小时（3600 秒）走的距离就是 $1200nx$ 米，即 $1.2nx$ 千米。要使 1 小时走的千米数等于 3 秒走的步数，我们可以列式如下：

$1.2nx = n$（也可以是 $1.2x = 1$）

解得：$x \approx 0.83$ 米。

前一个规律中提到了平均步伐大小和身高的关系，如果这个规律成立，那么我们说的第二条规律对身高约 175 厘米的人最为合适。

<图 34>

上述讲的是用步子测量稍远一点的距离。此外，还有些中、小尺寸的物体，在没有测量工具的时候，我们又该怎么测量它们呢？

这时候，就要用到我们人体这把“活尺子”了。比如，一只手水平伸向侧面，将一条绳子从这只手的手指顶端向反方向的肩膀处拉直（如图 34），这段距离在普通体形的成年人身上约为 1 米。

还有一种得到 1 米的近似值的方法：将大拇指和食指张开到最大限度，两指指尖的距离的 6 倍约为 1 米（如图

35*a*），这种方法实际上体现了“徒手”测量的艺术。想用这种方法来测量，我们最好能提前测量并记住手部的一些数据。

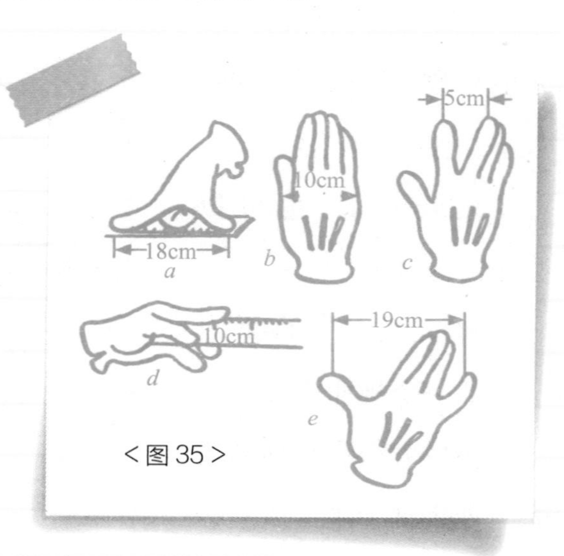

<图 35>

哪些数据可以让我们记忆一下呢？

首先，我们来看看手掌的宽度（如图 35*b*）。成年人的手掌宽度大概是 10 厘米，如果你的手掌宽度不够 10 厘米，或大于 10 厘米，你得记得小了多少或大了多少。然后，将食指与中指张开到最大限度（如图 35*c*），测测两指指尖的最大距离。再来，可以测测我们食指的长度，记得要从食指根部开始算呀（如图 35*d*）。最后，还可以测大拇指和小指张开到最大限度时，两指指尖的距离，这时中间的三指要并拢（如图 35*e*）。

利用这些“活尺子”，你就可以很方便地对一些小物体进行测量了。

除了手掌，你还可以利用另外一种道具进行测量，那就是硬币。当然了，这时候，你就得知道不同面值的硬币的直径。

比如，面值 1 戈比的硬币直径为 1.5 厘米，面值 5 戈比的硬币直径为 2.5 厘米，当这两个硬币并排放在一起时，宽度可达 4 厘米（如图 36）。如果你随身带着几枚硬币的话，就能算出以下几种长度：

1 个 1 戈比硬币，1.5 厘米；1 个 5 戈比硬币，2.5 厘米；2 个 1 戈比硬币，3 厘米；1 个 1 戈比硬币和 1 个 5 戈比硬币，4 厘米；2 个 5 戈比硬币，5 厘米……

同时，我们还可以知道，5 戈比硬币的直径减去 1 戈比硬币的直径等于 1 厘米。

<图 36>

假如你身上没有 1 戈比硬币和 5 戈比硬币，只有 2 戈比硬币和 3 戈比硬币，你也可以进行测量，因为这两个硬币并列

时的宽度也正好是4厘米（如图37）。根据这个宽度，你可以剪出一个这么长的纸条，然后将4厘米长的纸条对折两次，就可以得到一个1厘米的长度。

<图37>

看吧，提前做些准备，熟记一些日常用品的长度，就算没有尺子，也不会耽误你测量。

此外，我还想附加一条说明：这些硬币不仅可以充当量尺，必要时也能充当砝码用来称重。这就需要你留心，记记硬币的质量。这并不难记：没有磨损的新硬币的质量和面值的大小相等，也就是说，1戈比硬币重1克，2戈比硬币重2克……使用过的旧硬币的质量虽然会发生一些变化，但基本相差不会太大。在日常生活中，我们往往很难找到1～10克重的小砝码，因此这些硬币也许会派上大用场。